Meinen getreuen Mitstreitern, die mir bei
so manchem Sturm zur Seite standen!

Thomas Förster [Text] | Roland Obst | Klaus Andrews [Fotos]

SCHIFFE DER HANSE

Gangspill der Replik »Wissemara«

INHALT

Mythos Hanse und Mythos Kogge	7
Ein Wirtschaftsbündnis im mittelalterlichen Europa	11
Häfen – Drehpunkte hansischen Handels	19
Schiffbau im Mittelalter	31
Die westeuropäisch-friesische Bautradition	31
Die nordische Klinkerbautradition	35
Neue Wege im Bau von Großschiffen	40
Einzug des Kraweelbaus in der Nord- und Ostseeregion	48
Werftplätze, Schiffbaumaterial und Know-how	54
Siegeszug der Koggen	65
Experimentelle Archäologie – der Bau der »Wissemara«	83
Weitere Schiffstypen der Hanse	95
Seemannschaft und Alltagsleben an Bord	109
Seekriege der Hanse	125
Literatur	139

Einlauf von nachgebauten Koggen anlässlich der Rostocker Hanse Sail 2008

Mythos Hanse und Mythos Kogge

Einwohner und Besucher Norddeutschlands begegnen auf vielfache Weise dem Mythos »Hanse«. Größere wie kleinere Städte entlang der Ost- und Nordsee nennen sich offiziell Hansestadt. »Hanse« steht bei der Namensfindung von Unternehmen für regionale Identität und soll einen Qualitätsanspruch an Produkte symbolisieren. Das Spektrum reicht dabei von der Sektkellerei über die Saatguthandlung, Klinik und Baufirma bis hin zu »Canal-Control+Clean Hanse GmbH« und »Hanse-Schrott GmbH«. In fast jeder Hafenstadt gibt es ein Traditionslokal »Zur Kogge«, ein findiger Gastwirt in Timmendorf benannte sein Restaurant nach einem spektakulären Wrackfund »Zur Poeler Kogge«. Auch Sportvereine setzen auf den Mythos, etwa der Fußballclub »Hansa Rostock«, der eine stilisierte Kogge im Emblem trägt.

Die auf Logos und Podukten verwendeten Schiffsdarstellungen unterscheiden sich allerdings erheblich. Neben den einmastigen hochbordigen Koggen werden auch die mehrmastigen Schiffe der dem Mittelalter folgenden Jahrhunderte typisiert. Beispielsweise zeigt das »Störtebeker Bier« ein Linienschiff, wie es im 18. Jahrhundert auf Fahrten nach Übersee zum Einsatz kam. Mythos Hanse: Die Verbindung zur Figur des Ende des 14. Jahrhunderts aktiven Klaus Störtebeker zu diesem Schiff trägt nicht. Ähnlich verhält es sich mit den jährlichen Störtebekerspielen auf Rügen. Vor der wunderschönen Kulisse des Großen Jasmunder Boddens werden bei Ralswiek zu Lande und zu Wasser mehr oder minder frei erfundene Episoden aus dem Leben des Vitalienbruders Störtebeker gespielt. Die hierbei eingesetzten »Koggen« gleichen eher den Seefahrzeugen späterer Jahrhunderte als denen des Mittelalters.

»Hanse« und »Kogge« dienen auch zunehmend als Schlagworte im küstennahen Tourismus, ob bei Stadtführungen, in Ausstellungen oder auf Mittelaltermärkten. Mittlerweile gibt es eine ganze Flotte nachgebauter »Hansekoggen«, die im Sommer das Bild von Hafenstädten an Ost- und Nordsee beleben.

Der Mythos hat bereits selbst Tradition. Nach dem Niedergang der Hanse im 17. Jahrhundert setzte die Besinnung auf ihre Geschichte und speziell auf ihre Seefahrt erst im ausgehenden 19. Jahrhundert ein. Das 1871 gegründete Deutsche Kaiserreich rechtfertigte das Wettrüsten zur See mit England mit der

»deutschen Seegeltung«, die angeblich in der hansischen Schifffahrt wurzelte. Historiker begannen die Archivbestände der einstigen Hansestädte aufzuarbeiten und in gedruckter Form herauszugeben. Es entstanden so das Hansische Urkundenbuch sowie Urkundensammlungen einzelner Städte und Regionen, die für die Forschung leichter zugänglich waren als die Originale.

Für eine erste ernsthafte Untersuchung der hansischen Schifffahrtsgeschichte stehen der Historiker Dietrich Schäfer und seine Schüler, vor allem Walther Vogel und Bernhard Hagedorn. Auf ihren Ergebnissen aufbauend, veröffentlichte Paul Heinsius 1956 eine Arbeit über die Geschichte des Schiffs zur hansischen Frühzeit. Der Historiker Heinsius verfügte als Marineoffizier auch über seemännische Kenntnisse und erkannte, dass der Aussagewert der schriftlichen Hinterlassenschaften und wenigen Darstellungen begrenzt ist. Die zum Teil bruchstückhaften Überlieferungen zur Hansezeit hatten in der Wende vom 19. zum 20. Jahrhundert ein verklärtes Geschichtsbild begünstigt, das sich zum Teil bis in unsere Tage erhalten hat.

Die heutige Geschichtsforschung hat das Ziel, sich auf alle verfügbaren Hinterlassenschaften einer Epoche zu stützen. Für das Mittelalter konnten in den letzten beiden Jahrzehnten zahlreiche archäologische Funde erschlossen werden. Ergebnisse von Ausgrabungen in den historischen Stadtkernen lieferten neue Erkenntnisse zur Lebenswelt in den Hafenstädten und zur Organisation des Seehandels. Technische Entwicklungen zur geophysikalischen Prospektion des Meeresgrundes ermöglichten gerade in den letzten Jahren die Entdeckung mittelalterlicher Wracks in der Nord- und Ostsee. Insbesondere an der deutschen Ostseeküste wurde eine große Zahl gesunkener Schiffe entdeckt.

An den Überresten von Koggen lassen sich verschiedene Bautraditionen feststellen. Diese orientierten sich an den technischen Innovationen der damaligen Zeit, da die Verbesserung von Fahrt- und Transporteigenschaften Gewinnmaximierung ver-

Grabungen liefern Anhaltspunkte zur mittelalterlichen Lebenskultur. Bei Gründungsarbeiten zum Stralsunder OZEANEUM konnten die Reste von hansezeitlichen Anlegebrücken und Uferbefestigungen untersucht werden.

Petschaft mit Schiffsdarstellung, 13. Jahrhundert, gefunden bei archäologischen Grabungen am OZEANEUM in Stralsund

sprach. Neben den Lastschiffen für den Fernhandel gab es Spezialisierungen bei Fahrzeugen für Küstenfahrt, Fischerei und Leichterverkehr. Die in den gesunkenen Schiffen erhaltenen Ladungsgüter sind wichtige Zeugnisse für die Leistungsfähigkeit des mittelalterlichen Wirtschaftssystems und geben Hinweise auf die gefahrenen Routen. Geräte zur Navigation, die Schiffsausrüstung und persönliche Gegenstände von Besatzung und Passagieren vermitteln Einblicke in die Seemannschaft und das Alltagsleben an Bord. Basierend auf solchen Sachzeugnissen lassen sich vorhandene Schrift- und Bildquellen von Koggen und anderen Schiffen neu analysieren.

Warum übt die Zeit der Hanse noch heute eine große Faszination aus? Welche Aspekte des aktuellen Geschichtsbildes dieser Zeit sind historisch begründet und welche nur eine »historisierende Phantasie«? War die »Hanse« ein wirtschaftliches und politisches Erfolgsmodell des mittelalterlichen Europa, an das man anknüpfen sollte? Welche Rolle spielte die Schifffahrt in den Hansestädten? Wie sah sie wirklich aus, die legendäre »Hansekogge«? Welche anderen Schiffe spielten im Wirtschaftssystem der Hanse eine Rolle? – Dieses Buch versucht auf Grundlage erschlossener Urkunden und zahlreicher Wrackfunde jene Fragen zu beantworten.

Die Farben Rot und Weiß wurden von vielen Hansestädten für Wimpel und Flaggen verwendet.

Ein Wirtschaftsbündnis im mittelalterlichen Europa

Bis ins 12. Jahrhundert hinein dominierten die Skandinavier den Seehandel auf der Nord- und Ostsee. Die Fahrten der Wikinger erforderten vom 9. bis zum 11. Jahrhundert leistungsfähige Schiffe, sodass sich der nordische Schiffbau zu seiner Blüte entwickelte. Entsprechend der Aufgaben und Einsatzgebiete ist bereits eine Spezialisierung bei den Seefahrzeugen zu erkennen. Es gab die geruderten und gesegelten Langboote, die häufig für Kriegszüge zum Einsatz kamen. Mit kleineren Fahrzeugen konnten der Fischreichtum erschlossen und küstennahe Transportaufgaben bewältigt werden. Die »Knorre«, ein skandinavischer Lastschiffstyp, war für den Fernhandel auf der Nord- und Ostsee und den einmündenden Flusssystemen geeignet. Über Bergen, Oslo und Trondheim wurde meist England mit landwirtschaftlichen Produkten versorgt. Über Gotland wurden Pelze, Wachs und asiatische Güter aus Nowgorod, Kiew und Smolensk verhandelt.

Umfassende politische und religiöse Veränderungen im mittelalterlichen Europa brachten einen grundlegenden wirtschaftlichen Wandel mit sich, der tiefgreifenden Einfluss auf den nordeuropäischen Seehandel hatte. Im 12. Jahrhundert wurden durch die Eroberungszüge Heinrichs des Löwen gegen die Slawen weitere Grundlagen für eine umfassende deutsche Ostsiedlung geschaffen. Mit der Neugründung Lübecks schuf Heinrich 1159 eine wichtige Grundlage für den Anschluss deutscher Kaufleute an den Ostseehandel. Ziel der Fernhändler war es, Pro-

Holstentor in Lübeck, um 1900

dukte aus der Heimatregion in anderen Ländern mit Gewinn zu verkaufen und dafür fremde Produkte günstig zu beziehen, um diese auf den Heimatmärkten wiederum mit Profit zu verkaufen.

Ausgehend von Lübeck entwickelte sich Wisby auf Gotland zu einer wichtigen Drehscheibe des Ostseehandels, da von hier die schwedische und baltische Küste sowie das wichtige Nowgorod zu erreichen waren. Dort entstand in der Mitte des 13. Jahrhunderts der »Peterhof« als Niederlassung der deutschen Kaufleute. Im Englandhandel engagierten sich verstärkt Kölner Kaufleute. Deren Niederlassung war die »Guildhall« und ab 1475 der »Stalhof«. Auch der Handel nach Bergen in Norwegen wurde zunehmend durch deutsche Kaufleute wahrgenommen. Dort diente seit 1343 die »Tyskebryggen« als Stützpunkt.

Mit dem Ausbau des Handelsnetzes stieg die Kapazität der zum Handel verwendeten Schiffe. Wrackfunde zeigen in Hinblick darauf eine Zunahme am Übergang vom 12. zum 13. Jahrhundert. Die Steigerung der Schiffsgrößen versprach höhere Profite. Der Rückgang von Wrackfunden für das 14. Jahrhundert belegt eine zwischenzeitliche Rezession im Seehandel, deren Ursachen in verheerenden Pestepidemien und Krieg lagen. Ein tiefgreifendes Ereignis jener Zeit war 1361 die Eroberung Wisbys durch die Dänen. Ende des 14. Jahrhunderts brachte dann ein erneuter wirtschaftlicher Aufschwung wieder eine Zunahme der Tragfähigkeiten, der sich im archäo-

logischen Fundmaterial ebenso wie in den schriftlichen Quellen niederschlägt.

Zur Minimierung des Risikos und zur gemeinschaftlichen Erlangung von Handelsprivilegien durch die Landesherren schlossen sich Fernhändler zu Genossenschaften – Hansen – zusammen, wobei »Hanse« soviel wie »Schar« bedeutete. Aus dem östlichen Europa wurden vorwiegend kostbare Pelze, Wachs, Holz, Teer und andere Waldprodukte bezogen. In Skandinavien erwarben die Hansen landwirtschaftliche Produkte, Kalkstein als Baumaterial sowie wertvolle Stückgüter wie Walrosszähne für Elfenbeinschnitzereien und Rentiergeweihe. Stockfisch und Salzhering bildeten mit der fast vollständigen Christianisierung Europas eine wichtige und begehrte Fastenspeise bis tief ins Binnenland hinein und zählten zu den wichtigsten Handelsgütern aus dem Norden. Im Westen stellten flandrische Tuche, Weine von der französischen Atlantikküste und der iberischen Halbinsel sowie das Baiensalz (ein Meersalz, das in der Bai von Bourgnot bzw. später überhaupt an der französisch-iberischen Atlantikküste gewonnen wurde) weitere wichtige Seehandelsgüter dar. Die Handelswaren wurden von den Kaufleuten über das bestehende mittelalterliche Straßensystem, aber auch mit Flussschiffen weit ins deutsche Binnenland hinein transportiert und in den Städten umgeschlagen. Im Gegenzug gelangten von dort Fertigprodukte, Metalle wie Kupfer, Zinn und Silber sowie Getreide und Bier

Ein originalgetreuer Nachbau eines Fahrzeugs in der nordischen Klinkerbauweise umrundet das Kap Arkona.

Wichtige Hansestädte

Nordseeregion:
Zwolle, Kampen, Deventer, Bremen, Buxtehude, Groningen, Stade, Hamburg
Ostseeregion:
Lübeck, Kiel, Bad Segeberg, Wismar, Rostock, Stralsund, Greifswald, Demmin, Wolgast, Anklam, Stettin, Greifenberg, Kolberg, Stargard, Danzig, Elbing, Thorn, Riga, Reval, Pernau, Wisby, Stockholm
Deutsches Binnenland:
Köln, Düsseldorf, Duisburg, Dortmund, Münster, Osnabrück, Berlin-Cölln, Brandenburg

in den seewärts orientierten Handelsverkehr. Nach Lübeck und Köln wurden immer mehr Städte in das hansische Fernhändlersystem eingebunden. Zeitgleich setzte mit dem beginnenden 13. Jahrhundert ein Boom an Städtegründungen entlang der Ostseeküste ein.

Unterstützt wurde dieser enorme wirtschaftliche Aufschwung durch das Wirken des Deutschen Ordens. Der während der Kreuzzüge 1198 im Heiligen Land gegründete Orden wurde 1226 durch den polnischen Herzog Konrad von Masowien zur Befriedung und Missionierung der kriegerischen Pruzzen ins Land gerufen. Neben einem Privileg Konrads erhielt er durch Kaiser Friedrich II. in der Goldenen Bulle von Rimini weitere Unterstützung. Papst Gregor IX. bestätigte dem Orden die Besitzrechte des preußischen Landes. Der Deutsche Orden bemühte sich um eine umgehende Erschließung seines bislang nur dünn besiedelten Gebietes. Deutsche Siedler aus anderen Regionen vermochten im meist friedlichen Zusammenleben mit den ansässigen Pruzzen große Flächen landwirtschaftlich zu erschließen. Durch umfassende Rodungen konnten die Hansestädte mit Holz versorgt werden und die nachfolgend gewonnenen landwirtschaftlichen Flächen bildeten eine der wichtigsten »Kornkammern« des mittelalterlichen Europa. Die Verbindung des Ordensstaates zum Heiligen Römischen Reich erfolgte hauptsächlich über See und stellte eine logistische Herausforderung dar, an deren Bewältigung die hansischen Kaufleute einen gewaltigen Anteil hatten.

Hauptbasis der wirtschaftlichen Macht der Hanse war der Seeverkehr. Auf dem Wasser ließ sich gegenüber dem Landweg ein Vielfaches innerhalb einer wesentlich kürzeren Zeit transportieren. Die Kosten für den Erwerb und die Nutzung eines Schiffes konnten sich innerhalb kürzester Zeit amortisieren. Vermutlich nutzten die ersten in Lübeck ansässigen Fernhändler die bewährten Handelsfahrzeuge der Skandinavier oder Slawen, die allerdings in ihrer Zuladung begrenzt waren. Für die Zeit ab dem 12. Jahrhundert lässt sich dann ein Technologietransfer im Schiffbau der Ostseeregion beobachten. Im Gegensatz zu den schnellen seegängigen Schiffen der Skandinavier entwickelte sich im Mündungsgebiet des Rheins und der benachbarten Flussmündungen eine andere Bauweise. Entsprechend der Verhältnisse mit den Gezeiten entstanden in diesem Gebiet flachbodige Fahrzeuge, die sich bei Ebbe trockenfallen lassen und die teilweise flachen Häfen und Landungsplätze jener Zeit anlaufen konnten. Die Grundkonstruktion dieser bauchigen Schiffe ließ eine Erhöhung der Bordwände zu, was die Ladekapazität vergrößerte. Trotz ihrer relativ geringen Geschwindigkeit boten derartige Fahrzeuge beste Voraussetzungen für einen gewinnbringenden Seehandel und entwickelten sich zu einem der erfolgreichsten Schiffstypen jener Zeit weiter – den Koggen.

Mit dem wirtschaftlichen Erfolg der Hansen nahm auch die politische Macht der Fernhändler in den Städten zu. Folgerichtig ist ab dem 13. Jahrhundert der Wandel von der Kaufmanns- zur Städtehanse zu beobachten, der offenbar 1356 mit dem ersten Hansetag in Lübeck abgeschlossen war. Das Ziel, Handelsprivilegien zu erlangen und diese politisch zu verteidigen, führte zur Bildung einer Konföderation von bis zu 200 Städten. Aufgrund ihrer wirtschaftlichen Potenz vermochte die Hanse Krisen wie die Pestepidemien in der Mitte des 14. Jahrhunderts zu bewältigen, die rund ein Drittel der damaligen Bevölkerung Europas hinwegrafften. Die Städtehanse verfügte auch über genügend Potential, um ihre Privilegien gegebenenfalls mit militärischen Mitteln durchzusetzen. Ein Krieg gegen Dänemark endete im Stralsunder Frieden von 1370, der den Städten umfangreiche Rechte zusicherte. Mit den »steden van der dudeschen hense« war ein neuer Machtfaktor in Erscheinung getreten, mit dem weltliche und geistliche Herrscher rechnen mussten. Die zweite Hälfte des 14. Jahrhunderts gilt als die Blütezeit der Hanse, in der sie sich im Zenit ihrer wirtschaftlichen und politischen Macht befand.

Von der Gründung Lübecks und weiterer Hansestädte bis zur Entwicklung zur führenden Wirtschaftsmacht im Norden Europas vergingen nur wenige Jahrzehnte. Heutige Bestrebungen für ein vereintes Europa und auch die allgemeine Globalisierung der Wirtschaftssysteme lassen hierzu Parallelen erkennen. Der uneingeschränkte Seeverkehr und internationale Wirtschaftsabkommen bilden auch gegenwärtig eine Grundvoraussetzung für den Fernhandel.

Interessant ist ein Blick auf die Ursachen, die zum Niedergang der Hanse führten. Im 15. Jahrhundert setzt ein Wandel in der Wirtschaftsgesinnung der Kaufleute ein. Galt bis dahin Handelsgewinn als wichtigste Einkommensquelle, tritt nun zunehmend der

Die starke mittelalterliche Stadtbefestigung von Wisby auf Gotland wurde Mitte des 13. Jahrhunderts angelegt.

Fisch war als Fastenspeise eine in Europa begehrte Ware. Buchillustrationen aus »Olaus Magnus«, 1555

Zinsertrag von Leihkapital an diese Stelle. Der dynamische Faktor für die Wirtschaftsentwicklung wird durch einen statischen abgelöst, welcher Fortschritt hemmt. Zunft- und Stapelrechte, die Begrenzung von Schiffsgrößen und auch geburtsständische Grenzen verstärken die Stagnation, sodass das Wirtschaftssystem Hanse neuen Anforderungen nicht mehr gewachsen ist. In der zweiten Hälfte des 15. Jahrhunderts kommt es in Europa zu gravierenden politischen und ökonomischen Veränderungen, die wichtige Auslöser für die Entdeckungsfahrten jener Zeit sind. Neben dem Handel mit Waren des täglichen Bedarfs gewinnt die Einfuhr von orientalischen Luxusgütern, wie Seide, Teppichen, Gewürzen und Edelsteinen, an Gewicht. Die Ausbreitung des osmanischen Reiches, das 1453 Konstantinopel einnimmt, stört nicht allein die Routen im Mittelmeerraum, sondern beeinträchtigt das gesamte hansische Handelsmonopol. Parallel dazu erfolgen auch in Nord- und Westeuropa Einschnitte in das Handelssystem. In den erstarkenden skandinavischen Königreichen fällt es der Hanse immer schwerer, Privilegien zu halten. Zudem geraten wichtige Handelsstädte im Binnenland verstärkt unter landesherrschaftliche Einflüsse, sodass der Warenumschlag beständig sinkt. Mit den Holländern und Engländern drängen Konkurrenten auf den Markt, die freier agieren können. Durch die Erschließung neuer Fischgründe im Bereich der Nordsee verliert der Schonenhandel mit Hering, eine wichtige Basis des hansischen Wirtschaftsgefüges, an Bedeutung. Der Niedergang des Deutschen Ordens und die Unterwerfung Nowgorods durch den Moskauer Großfürsten (1514) unterbrechen weitere wichtige Handelskontakte.

Rathausplatz in Tartu während des 25. Hansetages 2005. Die architektonische Kulisse gegenwärtiger Hansetage hat oft wenig mit dem historischen Vorbild gemein.

Aufgrund seiner zentralen Lage gewann in jener Zeit Antwerpen besondere Bedeutung als internationaler Seehandelsplatz. Diese wuchs im Verlauf der beginnenden Entdeckungsreisen nach Übersee weiter an. Die Hansestädte nahmen beim Umschlag kostbarer Waren aus Übersee nur einen geringen Rang ein. Zudem führte die Einfuhr von Silber zu Inflation. Die Glaubenskriege zwischen Protestanten und Katholiken erschütterten das Einzugsgebiet der Hanse schwer und führten zu deren Auflösung. Städte wie Danzig öffneten sich zunehmend der Konkurrenz zur Sicherung des Handelsumsatzes oder schlossen sich in kleineren regionalen Städtebündnissen zusammen. So umfasst der gerne und vielfach falsch verwendete Begriff des »Hanseatischen« lediglich das von 1630 bis 1650 währende Städtebündnis zwischen Lübeck, Hamburg und Bremen. Nur diese Städte und deren Kaufleute bezeichneten sich als Hanseaten! Der letzte Hansetag der noch in der Hanse verbliebenen Städte Lübeck, Hamburg, Bremen, Danzig, Rostock, Braunschweig, Hildesheim, Osnabrück und Köln besiegelte 1669 das Ende des Bündnisses. In heutiger Zeit gibt es allerdings Aktivitäten, in anderer Form an die Tradition der Hansetage anzuschließen.

Ansicht von Rostock, Merian-Kupferstich 1641

Häfen – Drehpunkte hansischen Handels

Die Struktur der Hanse in Bezug auf Fernhandel, Schiffbau und Schifffahrt erschließt sich durch einen genauen Blick auf die Hansestädte. Es fällt auf, dass die Seestädte der Hanse fast identische topografische Gegebenheiten aufweisen. In geschützter Lage befinden sie sich unweit der Küste an Flussmündungen, geschützten Buchten oder den fjordähnlichen Sunden. Diese Standorte sind seeseitig gut erreichbar und mit dem Binnenland über Flusssysteme oder Straßen verknüpft. Ein gutes Beispiel im Bereich der Ostsee ist Lübeck, das über die Trave erreicht werden kann und in einer gesicherten Insellage von der Trave und der Wakenitz umflossen wird. Die Trave bot größeren Schiffen wie Koggen von der Ostsee kommend eine Zufahrt zur Stadt, die ab 1226 mit einem Leuchtfeuer bei Travemünde gekennzeichnet war. Diese Zufahrt war gut zu kontrollieren und konnte gegebenenfalls für feindliche Schiffe gesperrt werden. Archäologische Untersuchungen belegen, dass das der Stadt vorgelagerte Ufer der Trave ab dem Ende des 12. Jahrhunderts mit einer aus Pfählen bestehenden Kaikante befestigt wurde. Verschiedene Schiffsteile deuten darauf hin, dass hier Schiffe gebaut oder zumindest re-

pariert wurden. Die Wichtigkeit der binnenseitigen Anbindung belegt der ab 1398 in Betrieb genommene Stecknitz-Kanal, eine mit viel Aufwand hergestellte Verbindung zwischen Elbe und Ostsee. Auf dem Kanal erfolgte vorwiegend der Transport von Salz – »weißem Gold« – aus den Salinen von Lüneburg. Durchschnittlich 1 500 Prahme passierten jährlich diese künstliche Wasserstraße.

Reichsstädte wie Köln, Bremen oder Hamburg verfügten mit Rhein, Weser und Elbe über ähnlich günstige Bedingungen und prosperierten aufgrund ihrer Verbindung zur Nordsee. Im Folgenden soll das Augenmerk jedoch noch intensiver auf die Ostseehäfen gerichtet werden.

Unter Ausnutzung bestehender günstiger topografischer Verhältnisse war man bemüht, die Städte als Hafenplatz und Handelsstützpunkt in regelmäßigen Abständen zu errichten. Sie sollten für ein größeres Schiff innerhalb einer Tagesreise erreichbar sein. Etwa 60 km östlich von Lübeck entstand die Hansestadt Wismar. Der innere Bereich der Wismarbucht war vermutlich bereits ab der Mitte des 12. Jahrhunderts von den Dänen als Hafenplatz genutzt worden.

Ab 1211 erlaubte Otto IV. den Schweriner Bürgern *»in portu, qui dicitur Wissemer«* zwei *»magnas naves, que cogken appelantur, cum minoribus navibus, quotcunque voluerint, ad usus mercandi«* zu halten. Das Stadtgründungsjahr wird für 1226 angenommen. Mit der verstärkten Ansiedlung von Kaufleuten und Handwerkern in der Nähe einer wendischen Fischersiedlung erfolgte 1229 die Nennung der *»burgenses«*. Zahlreiche Untiefen und widrige Windverhältnisse erschwerten großen Schiffen die Einfahrt in den Wismarer Hafen. So ist es nicht verwunderlich, dass die Gollwitz, eine windgeschützte Bucht östlich der Insel Poel, als Reedeplatz diente. Aufgrund der hervorragenden Lage war diese Reede beliebter Treffpunkt für die hansischen Flotten. Um den Seeweg sicherer zu gestalten, wurde 1266 auf der Insel Lieps ein Leuchtfeuer errichtet. Der Seeweg in die Stadt konnte gut über die Insel Aderholm (Walfisch) kontrolliert werden. Ein Pfahlsperrwerk unmittelbar vor dem Hafen sicherte den inneren Bereich der Bucht. Zwischen 1427 und 1429 wurden im Abstand von 1 m gewaltige Pfähle in den Grund gerammt, sodass einlaufende Schiffe eine Kontrollstation passieren mussten, die sich am Ende der Pfahlreihe an der Fahrrinne befand. Mit einer Kette oder einem Baum konnte das Fahrwasser gesperrt werden. Die Pfahlsperre stellte eine Rechtsgrenze dar, die der heutigen Hafengrenze entsprach. Hinter der Sperre erstreckte sich im Windschutz eines Höhenzuges bei Wendorf der Außenha-

fen, in dem ebenfalls Schiffe auf Reede liegen konnten. Zahlreiche Funde geben darüber Aufschluss – sie fielen bei Entladearbeiten ins Wasser oder wurden als Abfall entsorgt. Ähnlich wie in Lübeck war auch die Kaikante des Wismarer Hafens durch eine hölzerne Konstruktion befestigt. Werftplätze sind bislang nicht nachweisbar, doch kann vermutet werden, dass sich östlich des Stadthafens eine Lastadie, ein für den Schiffbau geeignetes Gelände, erstreckte.

Landseitig boten verschiedene Niederungsgebiete und Teiche der Stadt einen natürlichen Schutz. Ähnlich wie Lübeck versuchte sich Wismar ab dem 14. Jahrhundert über den Schweriner See und weiter über die Flüsse Elde und Stör einen Zugang zur Elbe bei Dömitz zu verschaffen, um direkten Zugang zum Lüneburger Salz zu erhalten. Das Unternehmen blieb jedoch ohne Erfolg. Ein Relikt der Bemühungen bildet der noch heute erkennbare *»Wallensteingraben«* zwischen dem Schweriner See und Wismar.

Gut 60 km weiter östlich hatte bereits 1218 Rostock, im Mündungsbereich der Warnow gelegen, Stadtrecht erhalten. Die vorgelagerte Ostseeküste verfügt über gute Tiefgangsverhältnisse. Für große mittelalterliche Schiffe wurde jedoch die schmale Einfahrt zwischen Ostsee und Breitling problematisch. Dieser Durchgang veränderte sich als Bestandteil des Flussmündungsgebietes, vorgelagerte Sandbänke dürften Seeleuten oft zum Verhängnis geworden sein. Eine erste Durchfahrt, das »Alte

Tief«, existierte nach Urkunden des 13. Jahrhunderts etwa 2 km östlich der heutigen Einfahrt. Sie verlagerte sich in Richtung Westen und trug nun zur Bedeutung des Rostock vorgelagerten Ortes Warnemünde bei.

Der Breitling zwischen Warnemünde und Rostock wies ebenfalls nur geringe Tiefen und wechselnde Sandbänke auf. In den für Rostock so lebenswichtigen Seeweg wurde deshalb umfassend investiert. Archäologische Untersuchungen legten zwei gewaltige Molenbauten frei, die eine sichtbare und sichere Durchfahrt bis in die tieferen Bereiche der Warnow ermöglichten. Bei den Molen handelt es sich um Steinkistenbauwerke. Sie wurden aufwendig angelegt, indem an Land gefertigte große hölzerne Kisten aus Eiche oder Kiefer übers Wasser oder auf dem Eis in Position gezogen und dort mit Steinen gefüllt abgesenkt wurden. Die jeweiligen Senkkästen hatten eine Länge von 6 bis 8 m und eine Breite von 5 m. Die Kästen wurden Segment für Segment aneinandergesetzt, sodass zwei Molenanlagen mit einer Länge von über 500 m entstanden. Die Molen wuchsen in mehreren Bauphasen ab 1383 (West-) bzw. 1403 (Ostmole) und führten schließlich von einer Stelle südlich des Tonnenhofes bei Hohe Düne bis zur Höhe des heutigen Überseehafens. Vermutlich waren die Molen in regelmäßigen Abständen mit Winden versehen, sodass Schiffe bei widrigen Windverhältnissen hereingezogen werden konnten. Die Anstrengungen zur Freihaltung des Fahrwassers sind auch urkundlich überliefert. Bereits für 1288 lassen sich Baggerarbeiten vor Warnemünde und für 1485 im Bereich des Stadthafens belegen.

Bei Schmarl sind in Gestalt eines Erdwalls noch die Überreste einer um 1267 errichteten Burg, der Hundsburg, zu erkennen. Die ursprünglich landesherrliche Burg wurde 1278 von den Rostockern übernommen und sehr wahrscheinlich zur Kontrolle des Fahrwassers genutzt. Pfähle, die sich trotz zahlreicher Baggerungen vor der Burg im Wasser erhalten haben, datieren auf 1285 und mögen die Reste eines Anlegers oder auch eines Pfahlsperrwerks sein. Der Fund eines menschlichen Schädels mit Hiebmarken zeugt von einem Kampf in diesem Bereich. Mit Sicherheit hat sich einst

Untersuchungen von mittelalterlichen Steinkistenmolen im Breitling vor Rostock

ein Pfahlsperrwerk in Verlängerung der nordwestlichen Stadtbefestigung vom Kanonsberg bis nach Gehlsdorf erstreckt.

Aufgrund starker baulicher Veränderungen gibt es zum historischen Rostocker Hafen nur wenig Befunde. Stadtansichten des 16. und 17. Jahrhunderts deuten auf eine Kaikante, aber auch auf Steganlagen in der Warnow hin. Die Stadt wurde im östlichen Teil durch einen kleinen Nebenarm dieses Flusses, die Grube, durchflossen. Archäologische Grabungen förderten in jenem Bereich ein umfangreiches maritimes Fundspektrum zutage. Neben zahlreichen Bootsresten des 13. Jahrhunderts konnte eine in die Grube verlaufende Balkenkonstruktion erfasst werden, die der Autor dieses Buches als Reste einer Slipanlage oder als Bragebank deutet.

Diverse Produktionsabfälle belegen, dass hier Schiffe gebaut oder repariert wurden. Die Warnow und deren Nebenarme umflossen die mittelalterliche Stadt zu großen Teilen und trugen zu ihrem natürlichen Schutz bei. Der Fluss war bis zur Höhe von Bützow mit größeren Binnenschiffen befahrbar, sodass Torfvorkommen im Hinterland genutzt werden und die an der Warnow liegenden Ziegeleien ihre Produkte in die Stadt liefern konnten. Über Bützow hinaus konnte Holz den Fluss abwärts geflößt werden.

Ähnlich gute Verhältnisse kennzeichneten auch die benachbarten Städte Ribnitz und Damgarten, die in der ersten Hälfte des 13. Jahrhunderts gegründet

wurden. Beide lagen an einer Handelsstraße und im Mündungsbereich der Recknitz. Die Zingst-Darßer-Boddenkette war im Mittelalter über verschiedene Seegatten mit der Ostsee verbunden, die aufgrund der großen Strömungsgeschwindigkeit für den Seeverkehr ausreichend tief waren. Schiffbare Einfahrten gab es beispielsweise bei Wustrow und Ahrenshoop. Ein Wrackfund von 1108 belegt, dass solche Seegatten zwischen Bodden und Ostsee bereits früh genutzt wurden. Mit Hilfe eines modernen Sedimentsonars wurde das Seegatt bei Wustrow – im heutigen Volksmund als Störtebekerkanal bezeichnet – vermessen. Die Ergebnisse zeigen, dass durch jenen etwa 6 m tiefen Durchgang Ribnitz und Damgarten mit den Schiffen des Mittelalters gut erreichbar gewesen wären. Die nutzbaren Salzvorkommen an der Recknitz wären ein weiterer natürlicher Standortvorteil gewesen. Jedoch führte Konkurrenz dazu, dass die Rostocker 1395 die Einfahrt zur Stadt Ribnitz und der benachbarten Burg Damgarten mit alten Schiffen sperrten und so beide Orte zur Bedeutungslosigkeit verurteilten.

Eine wichtige Rolle unter den wendischen Hansestädten, zu denen auch Lübeck, Kiel, Wismar und Rostock gehörten, spielte Stralsund. Gefördert durch die Rügenfürsten siedelten sich deutsche Kaufleute auf dem Festland beim Strelasund an der Engstelle zur Insel Rügen an. 1234 erhielt die Marktsiedlung das lübsche Stadtrecht. Der direkte Weg von See

---

Über eine Slipanlage können Boote zu Reparaturzwecken aus dem Wasser gezogen und wieder eingesetzt werden. Eine **Bragebank** dient zur Reparatur von großen Schiffen, die mittels eines Widerlagers schräg gelegt –gekrängt– werden, sodass das Unterwasserschiff trocken liegt und repariert werden kann.

nach Stralsund führt die Westküste von Hiddensee entlang über den Gellenstrom in die Rügenschen Boddengewässer und dann in den Strelasund. Durch den Sedimenttransport vom nördlichen Kern der Insel Hiddensee in südliche Richtung und die damit verbundene Sandhakenbildung bis zum Gellen hat sich das natürliche Fahrwasser jedoch beständig in südliche Richtung verlagert. Teilweise kann die dafür verantwortliche Strömung in diesem Gebiet vier Seemeilen pro Stunde betragen. Geologischen Untersuchungen zufolge verzeichnet Hiddensee am südlichen Ende am Gellen in 100 Jahren einen Landzuwachs von etwa 100 m, sodass seit dem Mittelalter hier ein über 3,5 km langer Dünenstreifen angelagert wurde. Für das ausgehende 13. Jahrhundert lag die Zufahrt nach Stralsund am Gellen im Bereich der »Karkensee«. Ein Beleg dafür ist der Flurname »Kirchensee« mit Bezug auf die in unmittelbarer Nähe festgestellte Gellenkirche. Im Flachwasserbereich sind die Grundmauern der Kirche noch erkennbar.

Nach schriftlichen Überlieferungen haben Zisterzienser 1296 mit der Gründung des Klosters zum Heiligen Nikolaus im Norden der Insel auch mit dem Bau einer Kirche auf dem Gellen begonnen und diese 1302 fertiggestellt. Bischof Olav von Roskilde erteilte der Kirche die Erlaubnis einen Taufstein aufzustellen sowie Seeleuten und anderen Ankömmlingen die Sakramente abzunehmen. 1306 schloss Abt Petrus mit der Stadt Stralsund eine Vereinbarung über den Bau

Grundmauern der Zisterzienserkapelle St. Nikolai mit den Fundamenten der Luchte. Seit 1302 markierte dieses Leuchtfeuer am Gellen auf Hiddensee die westliche Einfahrt nach Stralsund.

und Betrieb einer Luchte ab. Hieraus resultierte ein Turm, der neben dem Gotteshaus errichtet wurde. Ein Ablassbrief aus dem gleichen Jahr belegt, dass sich bei diesem Leuchtfeuer auch ein Bollwerk befand, an welchem Schiffe anlegen konnten. Reste davon sind als verlandeter Kanal am Gellen noch erkennbar. Die weitere Geschichte ist nur fragmentarisch belegt. 1536 erfolgte die Auflösung des Klosters auf Hiddensee, allerdings ist in der 1608 gedruckten Lubinschen Rügenkarte die Luchte noch vermerkt. Ende des

Legerwall heißt eine besondere Gefahrensituation für Segelfahrzeuge, die durch starken Wind und Wellen oder Strömung zu dicht an die Küste geraten. Dabei können Grundberührung oder Strandung entstehen.

19. Jahrhunderts sollen noch Teile der Ruine mit Nischen erkennbar gewesen sein, die zur Beschaffung von Baustoffen durch die Bevölkerung nach und nach abgebrochen wurden. Das Leuchtfeuer diente dazu, die gefährlichen Untiefen und die Einfahrten zu markieren.

Da der östliche Seeweg nach Stralsund erst in späterer Zeit nutzbar wurde, besaß die westliche Zufahrt besondere Bedeutung. Die Gefahr, auf Sandbänke aufzulaufen oder beim Kreuzen vor der Küste auf Legerwall zu kommen und zu stranden, belegen die Überreste von acht havarierten mittelalterlichen Schiffen. Durch Urkunden ist eine Reede vor dem Gellen belegt, auf der Schiffe bei widrigen Windverhältnissen von kleinen, wendigeren Fahrzeugen entladen oder entsprechend der Tiefgangsverhältnisse geleichtert werden konnten.

Am Bollwerk bei der Gellenkirche ließ sich der Seeverkehr hervorragend kontrollieren. Nach dem Passieren des Gellens konnten die Schiffe ihre Fahrt über verschiedene natürliche Rinnen fortsetzen, die aufgrund des komplizierten Verlaufs mit großer Wahrscheinlichkeit durch Seezeichen markiert wurden. Westlich von Stralsund, vor dem heutigen Sundkrankenhaus, erstreckte sich ein weiterer Reedeplatz.

Die Ostansteuerung nach Stralsund wurde erst nach der Allerheiligenflut von 1304 nutzbar, als die Reste einer ursprünglichen Landverbindung zwischen Rügen und dem Festland im Eingangsbereich des Greifswalder Boddens endgültig brachen. Größere Schiffe konnten fortan Stralsund, aber auch das benachbarte Greifswald über das Westertief südlich von Thiessow oder das Ostertief südöstlich der Insel Ruden anlaufen. Hatte Stralsund auch keine direkte Anbindung an einen Fluss, so erfüllten die fjordähnlichen Boddengewässer rund um die Stadt eine ähnliche Funktion. Über den Strelasund und die hinter dem Darß befindlichen Bodden ermöglichten sie eine Nutzung der wirtschaftlichen Ressourcen eines Ge-

Rekonstruktion der Luchte auf Hiddensee

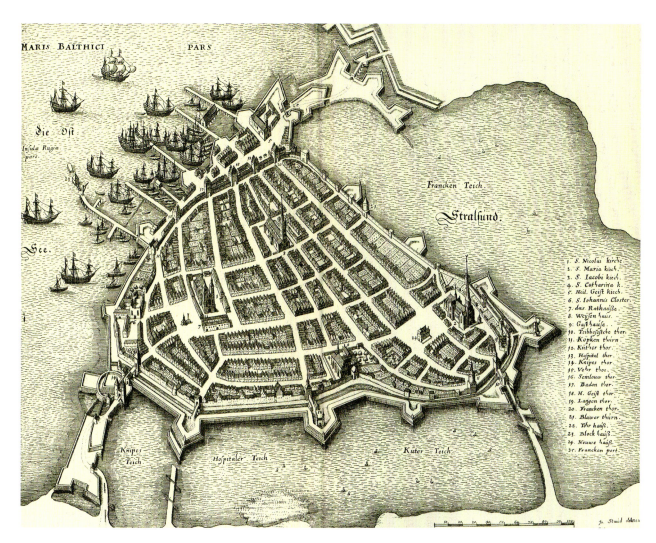

Grundriss von Stralsund, Merian-Kupferstich um 1650

Heckruder aus dem 13. Jahrhundert. Aufgrund einer Schwachstelle durch ein Astloch brach das Ruder und wurde zwischen Werkabfällen im Bereich der Stralsunder Hafenvorstadt abgelagert.

biets, das bei Prerow und Kinnbackenhagen auch über natürliche Seegatten mit der Ostsee verbunden war. Der Prerowstrom wurde seit dem 13. Jahrhundert durch die Herthesburg kontrolliert. Ebenfalls waren die östlich liegenden Gebiete über den Strelasund und den Greifswalder Bodden bis zur Peene mit Schiffen gut erreichbar. Über das Wasser bestand auch durch verschiedene Fährverbindungen ein enger wirtschaftlicher Kontakt nach Rügen. Burganlagen bei Altefähr und bei Ralow dienten dem Schutz dieser Verbindungen.

Die sie umgebenden Teiche gaben der Stadt eine sichere Insellage. Durch eine Verbindung zum Strelasund konnte der Knieperteich auch von Schiffen befahren werden, weshalb der erste Stralsunder Hafen unterhalb der Mühlenstraße zu vermuten ist. Zu geringe Wassertiefe und Verschlickung dürften später zur Aufgabe geführt haben.

Das Aussehen des späteren mittelalterlichen Stralsunder Hafens am Strelasund lässt sich nur schwer erahnen, da 1862 mit der Aufschüttung der Hafeninsel das Aussehen umfassend verändert wurde. Archäologische Grabungen der letzten Jahre brachten jedoch einige Anhaltspunkte ans Licht. Die Uferlinie war mit einer hölzernen Pfahlkonstruktion befestigt. Da die dort vorherrschende Wassertiefe nicht zum Anlegen größerer Seeschiffe genügte, wurden ausgehend von den fünf seeseitigen Stadttoren große Brücken in den Strelasund gebaut. Stadtansichten des 16./17. Jahrhunderts zeigen, dass im Bereich der noch heute vorhandenen Molen bereits ähnliche Anlagen zum Schutz des Hafens vorhanden waren und dass sich im Westen, zwischen Fähr- und Kniepertor, ein Werftplatz befand. Auch im Bereich der Hafenvorstadt (Kronlastadie) wurden zwischen dem 13. und 15. Jahrhundert Schiffe repariert oder abgewrackt. Hier förderten Grabungen neben einem beschädigten Heckruder auch Planken und Spantenteile zutage. Bemerkenswert ist, dass hier auch ein halbfertiges Knie- und Spantenstück aus Eichenholz vorhanden war. Dies bezeugt eine Vorratshaltung an derartigen Krummhölzern, die sich noch bis in unsere Zeit auf Holzschiffswerften beobachten lässt. Als Zulieferer für den Schiffbau fungierten Hafenschmieden, die Nägel, Nieten sowie weitere Ausrüstungsteile, wie Ruderbeschläge und Anker, fertigten.

Auch Greifswald wusste seine natürlichen Gegebenheiten zu nutzen. Wie Stralsund war diese Hansestadt über das Fahrwasser am Gellen und ab 1304 über das Wester- und Ostertief erreichbar. Zudem verfügte der Hafen über eine gute Anbindung zur Peene. Zum Bodden hin stellt die Dänische Wiek einen idealen Reedeplatz dar. Von hier war der Hafen über den

26

Ryck erreichbar. Im Mündungsbereich dieses Flusses gründeten Zisterziensermönche 1199 das Kloster Eldena. 5 km flussaufwärts entwickelte sich Greifswald und erhielt 1250 Stadtrecht. Auch der schmale Ryck war schiffbar und zudem gut zu kontrollieren. Gemeinsam mit umliegenden Niederungsgebieten umschloss er die Stadt als natürlicher Schutz. Archäologen legten verschiedene Schiffsteile an der zum Ryck gelegenen Stadtseite frei, und auch am westlichen Ufer deuten Funde auf einstigen Schiffbau.

Wie ein Band reihen sich weitere Hansestädte in Richtung Osten entlang der Küste an den einmündenden Flussläufen: Danzig (Stadtrechtsverleihung 1224), Elbing (1237), Königsberg (1286), Riga (1201) sowie Reval (1248), das heutige Tallin. Für den Schiffbau besonders bedeutsam waren Danzig und Elbing. Die über 1 000 km lange Weichsel sowie zahlreiche einmündende Flüsse und das ausgedehnte Weichseldelta boten eine hervorragende Möglichkeit, Rohstoffe des Hinterlandes zu erschließen. Mit Inbesitznahme des Landes durch den Deutschen Orden und der damit einhergehenden deutschen Ostsiedlung wurden große Gebiete gerodet und landwirtschaftliche Nutzflächen angelegt. Danzig im Mündungsbereich der Weichsel dominierte bald den Handel auf dem Fluss und spielte eine führende Rolle im Litauenhandel. Elbing stellte bis ins beginnende 14. Jahrhundert den bedeutendsten Seehafen des Deutschen Ordens dar, der über die Nogat direkten Zugang zur Ostsee hatte. Nachdem ein

Friedrich Kallmorgen, »Flöße auf der Weichsel«, Deutsches Schiffahrtsmuseum Bremerhaven. Die Studie des Künstlers (1856 – 1924) vermittelt als seltenes Bilddokument einen Eindruck von der Weichselflößerei in nachhansischer Zeit.

Hochwasser die Nogat von der Ostsee abgeschnitten und zu einem Weichselarm gewandelt hatte, verlor die Stadt an Bedeutung, zumal sich auch der Ordensstaat ab dem 15. Jahrhundert insgesamt im Niedergang befand.

Der umfassende Bezug von Agrar- und besonders Forstprodukten durch die Weichselstädte hatte eine weitreichende Bedeutung für die Hanse. Mit dem Boom der westlich liegenden Hansestädte setzte dort ein Raubbau in den umliegenden Wäldern ein, da Holz

Der mittlelalterliche Kran der Hansestadt Lüneburg ist noch heute funktionsfähig. Lüneburger Salz war ein wichtiger Rohstoff zur Konservierung von Fisch.

für Häuser, Schiffe und als Brennmaterial benötigt wurde. Angesichts weitgehender Erschöpfung eigener Ressourcen stieg die Nachfrage nach Holz aus dem Weichselgebiet. Es ist davon auszugehen, dass sich dort aufgrund des reichlich vorhandenen Rohstoffes ein hansezeitliches Schiffbauzentrum bildete. Die auf den gerodeten Flächen angelegten Felder entwickelten sich zu einer der bedeutendsten Kornkammern Europas.

Weit im Osten lag die Hansestadt Riga. Sie verfügte durch die gleichfalls über 1 000 km ins Binnenland reichende Düna ebenfalls über gute Voraussetzungen, um Holz und andere Waldprodukte zur Küste und dann weiter über die Ost- und Nordsee zu exportieren.

Dendrochronologische Untersuchungen, bei denen aufgrund der Jahresringe eines Stammes sein Fälldatum und ursprünglicher Standort ermittelt werden können, belegen, dass Hölzer sowohl aus dem Weichsel- als auch aus dem Dünagebiet in großer Menge für den Bau von Häusern und Schiffen verwendet und bis nach England oder zur iberischen Halbinsel verschifft wurden.

Zusammenfassend lässt sich für alle Hansestädte ein gemeinsames Muster erkennen. Lage und Aufbau waren nach ökonomischen Voraussetzungen ausgerichtet, wobei stets auch kontrollierbare Zugangswege und ein natürlicher Schutz vor möglichen Angriffen als Standortfaktoren ins Gewicht fielen.

Der Erfolg einer Hansestadt war durch ihre Verkehrsanbindung bestimmt. Wichtigste Säule ihrer wirtschaftlichen Macht war der Seehandel, in dessen möglichst reibungslosen Verlauf entsprechend viel investiert wurde. Die Häfen mit ihren Anlandeplätzen, Kränen, Wippen, Gespannen, Speichern, Werften und Quartieren stellten die unverzichtbare Basis des Seehandels dar. Die zum Hafen ausgerichteten Straßen der Städte sind noch heute gesäumt von mächtigen Giebelhäusern und Warenspeichern der hansischen Kaufleute. Repräsentative Rathäuser und gewaltige Kirchen zeugen vom Reichtum der Städte zur Zeit der Hanse.

Das Krantor in Danzig, einst eine wichtige Verladeeinrichtung, beherbergt heute einen Teil des Polnischen Schifffahrtsmuseums.

Plankenbearbeitung beim Spaltverfahren. Die gewonnenen Planken werden mit einem Breitbeil geglättet und angepasst. Wandmalerei aus dem 14. Jahrhundert in der Kirche von Rostock-Toitenwinkel

Schiffbau im Mittelalter

Das Aussehen eines Schiffes ist nicht nur bestimmt durch Aufgabe und Fahrtgebiet, sondern auch durch die ökonomische Potenz des Bauherrn oder Eigners und nicht zuletzt durch regionale Bautraditionen und den vor Ort erreichten Stand der Bautechnologie. Aufgrund der hohen Mobilität von Schiffen fand allerdings ein weitreichender Wissenstransfer in Hinblick auf technische Lösungen statt. Daher ist es nicht möglich, von einem »rein hansischen« oder »mittelalterlichen Schiffbau« zu sprechen.

Die Historiker Bernhard Hagedorn, Walther Vogel und Paul Heinsius schätzten den Aussagewert der schriftlichen und bildlichen Quellen zum Schiffbau und zur Schifffahrt der Hanse zu Recht als sehr begrenzt ein. Diese Quellen enthalten allenfalls vage Angaben zu den Bautechnologien und Dimensionen der Fahrzeuge. Erst ab dem 16. Jahrhundert sind einfache Baubeschreibungen und einfache Konstruktionszeichnungen überliefert. Deswegen besitzen Wrackfunde als authentische Sachzeugnisse eine herausragende Bedeutung. An ihnen kann die Konstruktion studiert werden, und sie liefern mit ihrem Inventar Hinweise zur Mannschaft, zum Handel und zum Alltag an Bord. Aufgrund einer systematischen archäologischen Erfassung von Schiffsfunden konnten im ehemaligen Einzugsbereich der hansischen Schifffahrt, insbesondere vor der deutschen Ostseeküste, annähernd 40 Schiffsfunde des 12. bis 17. Jahrhunderts für grundlegende Aussagen zum damaligen Schiffbau herangezogen werden. Im Küstengebiet von Nord- und Ostsee erfolgte demnach der Bau mittlerer und großer Seeschiffe bis ins 16. Jahrhundert in der Schalenbauweise. Dabei wurden zuerst die Planken der Rumpfschale zusammengefügt und in einem zweiten Schritt die Spanten zur Herstellung der Querstabilität in die Rumpfschale eingesetzt. Erkennbar sind zwei regional spezifische Entwicklungen.

Die westeuropäisch-friesische Bautradition

In Westeuropa, genauer gesagt in der Gegend zwischen Schelde-, Rhein- und Wesermündung – dem Siedlungsgebiet der Friesen –, entwickelte sich eine Schiffbautechnologie, die als »westeuropäisch-friesi-

---

Die Bezeichnung »kraweel« leitet sich vom portugiesischen »caravela« ab und bezeichnet ein glatt beplanktes Schiff, bei dem die Plankennähte plan abschließen. Eine kraweele Beplankung kann über den Schalenbau realisiert werden, bei dem zuerst die Plankenschale aufgebaut und dann mit Spanten ausgesteift wird. Beim »Vollkraweelbau« wird zuerst das Spantenskelett aufgerichtet und dann beplankt.
Bei der **Klinkertechnik** überlappen sich die Planken in ihren Stößen dachziegelartig. Die Klinkertechnik wird immer als Schalenbau ausgeführt.

Ein Spant ist eine Querversteifung des Schiffsrumpfes. Er ist oft mehrteilig und setzt sich aus den Bodenwrangen im Schiffsboden und den Auflangern an den Seitenwänden zusammen. Das vom Kiel und den Steven ausgehende Spantengerüst dient der Befestigung der Planken.

Die Steven bilden als hochgezogene Verlängerung des Kiels einen wichtigen Bestandteil des Rumpfes. Als Vor- und Achtersteven bezeichnet, bilden sie den vorderen und hinteren Abschluss eines Schiffes.

sche Bautradition« bezeichnet werden kann. Annähernd 30 spätmittelalterliche Wracks entstammen dieser Tradition, vor allem große seegängige Schiffe, aber auch kleine Binnenfahrzeuge. Übereinstimmend wiesen sie einen flachen, kraweel beplankten Boden auf. Ebenfalls sehr flach und meist nur unwesentlich stärker als die Bodenplanken war die zentrale Kielplanke. Die in der Regel geraden Steven waren über Horizontallaschen durch Kniestücke mit dem Kiel verbunden. Teilweise wiesen sie einen von den Planken eingeschlossen Innen- und einen darüber gesetzten Außensteven auf.

Die Planken der Seitenwände waren in Klinkertechnik zusammengefügt. Die Verbindung wurde dabei über zweifach umgeschlagene Eisennägel mit einem rechteckigen Querschnitt hergestellt. Die Herstellung der Planken erfolgte durch das Aufsägen von Stämmen. Die zwischen den Planken eingelegte Kalfaterung bestand fast ausschließlich aus Moos, welches von der Innenseite mit hölzernen Leisten und eisernen Krampen (den sogenannten Sinteln oder Kalfatklammern) fixiert war.

Die Seitenwände wiesen zum flachen Schiffsboden eine sehr steile, harte Kimmung auf, die den Fahrzeugen ein fast rechteckiges Querprofil gab. Die Spanten waren mit Holznägeln in die Rumpfschale eingesetzt. Parallel zum Kiel wurde das Kielschwein mit Ausklinkungen im Bereich der Spanten befestigt. Der Längsbalken besaß in der Mitte eine spindelför-

mige Verdickung zur Aufnahme des Mastes. Zusätzliche Stabilität erhielt der Schiffskörper durch schwere Querbalken, welche auch ein Deck tragen konnten. Einzelne Wracks belegen die Existenz von kastellartigen Aufbauten. Die Schiffe wurden ausschließlich aus Eiche gefertigt. Nur einzelne Teile, wie die Spanten, stellte man in Ausnahmefällen aus Kiefernholz her.

Die so gebauten Fahrzeuge eigneten sich hervorragend für Fahrten im Mündungsbereich von Flüssen sowie in küstennahen, von den Gezeiten geprägten Gebieten.

Speziell im Wattenmeer brachte ihr Einsatz Vorteile, da sie sich bei Ebbe trockenfallen lassen konnten und sicher auf dem flachen Boden standen. Der Ursprung der Bautradition ist daher im Bereich des Wattenmeeres zu suchen. Vermutlich wurzelte sie im keltischen und römischen Schiffbau.

Einige Wrackfunde von Binnenfahrzeugen zeigen bereits ab dem 8. Jahrhundert typische Merkmale der westeuropäisch-friesischen Tradition. Ab dem 10. Jahrhundert finden sich die typischen Kalfatklammern. Im 14. Jahrhundert erreichte die Bautradition mit der Fertigung von großen seegängigen Handelsschiffen ihren Höhepunkt. Diese können aufgrund ihrer Ladekapazität und ihres Aussehens als Koggen bezeichnet werden. Mit den Wrackfunden von Doel in der Nähe von Antwerpen (1325), holländischen Funden, wie dem Wrack von Rutten (1330) und dem Wrack OZ 36

(1340), sowie einem Bremer Fund (1380) gibt es mehrere Handelsschiffe mit Längen von über 20 m, die jeweils eine Ladekapazität von etwa 80 t besaßen. Nach dendrochronologischen Analysen wurden die Fahrzeuge in der Nähe ihrer Fundplätze gebaut.

Handelsverbindungen und Siedlungsbewegungen führten dazu, dass sich die Bautradition zunehmend an der westlichen und südlichen Ostseeküste verbreitete. Anhand dänischer Wrackfunde – Kollerup (1150), Kolding (1189), Skagen (1193) – lässt sich dies für die Zeit ab dem 12. Jahrhundert feststellen. Hier zeigten dendrochronologische Untersuchungen, dass diese Schiffe bereits mit Hölzern aus dem Bereich der westlichen Ostseeküste gebaut wurden.

Typisch für die westeuropäisch-friesische Bautradition sind geklinkerte Seitenwände mit zweifach umgeschlagenen Eisennägeln sowie eine Mooskalfaterung mit Leisten und Sinteln. Dichtung der Plankennähte der »Darßer Kogge« von 1313

Ein Schlüsselfund der Schiffsarchäologie ist die »Bremer Kogge« von 1380, deren Wrack zur Ausstellung des Deutschen Schiffahrtsmuseums in Bremerhaven gehört.

Der technische Fortschritt mit Verwendung eines Heckruders und größeren Ladekapazitäten scheint in Nord- und Ostsee annähernd gleich verlaufen zu sein. Dies zeigt sich in der Ostsee mit dem Wrackfund vom Darß (1313), den dänischen Funden von Lille Kregme (1358) im Roskildefjord und Vejby (1370) in Nordseeland sowie dem schwedischen Wrack von Skanör (1390) an der Küste von Schonen. Diese Wracks weisen eine starke Übereinstimmung mit Funden von der südlichen Nordseeküste auf, obwohl alle vier Schiffe vermutlich in der Weichselregion gebaut wurden. Der Wrackfund von Wismar-Wendorf (1476) ist bislang der jüngste archäologische Nach-

Dendrochronologische Untersuchungen sind eine wichtige Datierungsmethode in der Archäologie, bei der die Jahresringe anhand ihrer unterschiedlichen Breiten einer bestimmten Wachstumszeit und auch Herkunft zugeordnet werden können. Durch die Dendrochronologie kann auf das Jahr genau ermittelt werden, wann und wo die Hölzer für ein Schiff geschlagen wurden.

Ein Schalenbau in der nordischen Klinkerbautradition ist der Nachbau »Bialy Kron« des Ralswiekbootes von 980.

weis eines größeren Seeschiffes der westeuropäisch-friesischen Bauweise im südlichen Ostseeraum. Bei kleineren Küstenfahrzeugen und Flussschiffen lässt sich die Tradition sowohl in der Nord- als auch in der Ostsee noch bis in das 17. Jahrhundert nachweisen. Allerdings kommt es dabei zu Veränderungen in den Baumerkmalen, etwa in der Ausführung der Kalfaterung oder beim Einsetzen von mehreren Masten.

Zusammenfassend kann gesagt werden, dass die Tradition den Bau von großen seegehenden Schiffen zwischen dem 12. und 15. Jahrhundert dominierte.

Die nordische Klinkerbautradition

Eine weitere Tradition im Hinblick auf große Seeschiffe sowie mittlere und kleinere Fahrzeuge war vom 12. bis zum 17. Jahrhundert die nordische Klinkerbauweise. Ihre Herkunft lässt sich auf Grundlage vieler Wrackfunde für das südliche Skandinavien festlegen. Von dort erfolgte eine rasche Verbreitung entlang der skandinavischen Küste über den gesamten Ostseeraum und die britische Insel. Dabei spielten Wanderungsbewegungen und Kulturkontakte eine wichtige Rolle.

In dieser Bautradition wurde, ausgehend von einem T- oder Y-profilierten Balkenkiel, der gesamte Rumpf in Klinkerbauweise modelliert. Die Steven der in Vor- und Achterschiff doppelspitzen Fahrzeuge wur-

den meist über Vertikallaschen mit dem geradlinigen Kielbalken verbunden. Während der Vordersteven in der Regel eine gebogene konvexe Form aufwies, war der Achtersteven zur Aufnahme des Heckruders meist gerade und in steilem Winkel ausgerichtet. Die sich in Längsrichtung überlappenden Klinkerplanken waren durch eiserne Nieten verbunden. Die Kalfaterung zwischen den Plankenverbänden bestand überwiegend aus pechgetränkten Tierhaaren, in einigen Fällen kam auch Moos oder eine Kombination von Tierhaaren und Moos zum Einsatz.

Die Planken wurden durch die Spalttechnik radial oder tangential zum Stammquerschnitt herausgearbeitet. Dieses Verfahren, bei dem man dem natürlichen Faserverlauf des Holzes folgte und so überaus elastische Planken gewann, war bis ins 16. Jahrhundert üblich.

Der in Schalenbauweise konstruierte Rumpf wies ein gerundetes Querprofil auf. Die Querstabilität der Rumpfschale wurde durch Aussteifen mit Spanten erreicht. Der Aufnahme des Mastes diente hier ein Kielschwein, das als Längsbalken mit Mastspur parallel über dem Kielbalken angebracht wurde. Die Innenseite des Rumpfes wurde mit lose eingelegten Bodenbrettern oder Faschinenmatten geschützt.

Erstmals nachweisbar ist die Klinkerbauweise mit dem in Dänemark gefundenen Hjortspringboot bereits im 4. Jahrhundert v. Chr. Durch jüngere Funde sind die Ursprünge und Entwicklungen dieser Schiffbautradition im skandinavischen Raum gut erforscht. Beispiele sind das in Schleswig ausgestellte Nydamschiff (4. Jahrhundert), die Grabschiffe von Ladby in Dänemark (zweite Hälfte des 9. Jahrhunderts) sowie von Oseberg und Gokstad in Norwegen (9. Jahrhundert) und auch die Funde aus Haithabu (10. Jahrhundert) und aus der Seesperre von Skuldelev (11. Jahrhundert) im dänischen Roskildefjord.

Eine Variation der nordischen Klinkerbauweise zeigt sich an Wracks im südlichen Ostseegebiet, beispielsweise an den Funden von Schuby-Strand (10. Jahrhundert) in Schleswig-Holstein, Ralswiek 1, 2 und 4 auf Rügen (10. Jahrhundert) sowie an den Booten Puck 2 (10. Jahrhundert), Puck 3 (12. Jahrhundert) und den drei Booten von Danzig-Ohra in Polen. Anstelle von Eisennieten erfolgten die Plankenverbindungen dort über aufgekeilte Holznägel. Entsprechend der Fundregion wird dies als Ausdruck einer slawischen Schiffbautradition gewertet. Entsprechende Neufunde traten jüngst mit dem Wrack von Wustrow (1108) und den Schiffsteilen von abgewrackten Booten aus der Rostocker Grubenstraße (13. Jahrhundert) zutage.

Im 12. Jahrhundert lässt sich eine deutliche Zunahme beim Bau von großen Klinkerschiffen in nordischer Bautradition beobachten. Bei den Funden von Karschau (1130) in der Schlei in Schleswig-Holstein sowie den dänischen Funden Roskilde Wrack 4 (1113), Eltang (1140), Lynaes 1 (1142), Vordinborg

(um 1175), Erritsø (um 1180) und Haderslev (1220) handelte es sich einst um große Klinkerfahrzeuge mit Längen von 18 bis 25 m, deren Ladungskapazität analog zu den bodengebauten Ostseeschiffen dieser Zeit etwa 60 t betrug. Daneben belegt das nur sehr fragmentarisch erhaltene Schiff von Bergen (1188), dass an der Westküste Norwegens bereits Fahrzeuge fuhren, die bei einer Länge von 30 m etwa 120 t laden konnten.

Durch die Fahrten der Sachsen im 5. Jahrhundert und der Wikinger ab dem 8. Jahrhundert gab die nordische Klinkerbauweise auch dem Schiffbau der Nordseeregion Impulse. Mit dem Schiffsfund von Sutton Hoo (7. Jahrhundert) und dem Graveny Boot (10. Jahrhundert) liegen zwei frühe Funde aus England vor. Dass die Bautechnologie dort auch im 13. Jahrhundert angewendet wurde, zeigt das Fahrzeug von Magor Pill (1240) in Südwales.

In den nachfolgenden Jahrhunderten bildete die nordische Klinkerbauweise in Nordeuropa, mit einem Schwerpunkt im Bereich der Ostsee, einen festen Bestandteil des Holzschiffbaus. So zeigen am Übergang vom 14. zum 15. Jahrhundert gerade die großen geklinkerten Schiffe eine Vielzahl von Weiterentwicklungen. Das der Querstabilität dienende Bitensystem wird durch Querbalken abgelöst, welche die Bordwand durchstoßen. Zur Verbesserung der Seegängigkeit und zu Gunsten einer größeren Ladekapazität werden die ursprünglich niedrigbordigen Fahrzeuge

---

Zum Schutz der Fracht, aber auch des Rumpfes ist der Schiffsinnenraum häufig mit Planken, ausgekleidet. Dies wird als Wegerung, häufig als »Garnier« bezeichnet und verleiht bei einer festen Verbindung mit den Spanten dem Schiffsrumpf zusätzliche Stabilität.

in ihrer Seitenhöhe weiter aufgebaut. Teilweise erfolgte der Einbau einer festen Wegerung. Ein mittleres Frachtschiff in nordischer Klinkerbauweise mit einer Länge von 16 m wurde im Bereich der Ostseeeingänge an der Westküste Schwedens bei Halmstad (1302) lokalisiert und untersucht. Eine Länge von 22,50 m weist das Wrack V vom Helgeandsholmen bei Stockholm (1320) auf. Seine Flachbordigkeit und die relativ geringe Breite von 3,40 m deuten darauf hin, dass es sich hier um ein Mannschaftsboot handelte.

Sehr bedeutend war der 1969 gelungene Fund eines etwa 24 m langen hochbordigen Handelsschiffes, des sogenannten Danziger Kupferschiffes (1390). Ein Balkenkiel, die durchgehende Klinkerung und die Nietenverbände zeigen den Bezug zur nordischen Klinkerbauweise. Nach der Herkunft des Holzes stammt ein ebenfalls 24 m langes Klinkerschiff (1475), das bei Vejdyb im Limfjord bei Jylland gefunden werden konnte, von der südlichen Ostseeküste. Schiffsfunde von ähnlicher Dimension gab es auch vor der schwedischen Küste. In der Nähe von Stockholm konnte das etwa 22 m lange Riddarholmen-Schiff (1525), in Südschweden die rund 25,50 m lange »Ringaren« (1542) entdeckt werden, und auch im Fundkomplex Kalmarer Hafen lassen sich mit Wrack X und Wrack XIV große Klinkerschiffe in das beginnende 17. Jahrhundert datieren.

Eine Anzahl weiterer Funde zeigt, dass die nordische Klinkerbauweise in der Ostsee sowohl bei grö-

Im 13. Jahrhundert setzte sich das Heckruder als technische Neuerung bei Fahrzeugen in den unterschiedlichen Bautraditionen durch.

ßeren Fahrzeugen als auch für mittlere und kleine Fischerei-, Leichter-, Kriegs- sowie Küsten- und Binnenfahrzeuge bis ins 18. Jahrhundert genutzt wurde. Bis in unsere Tage bewahrte sich diese Bautradition in hölzernen Fischereifahrzeugen, von denen gerade die Zeesboote in den letzten Jahren verstärkt als Sport- bzw. Traditionsfahrzeuge dienen.

Im Bereich der südlichen Nordsee- und der Kanalküste lassen sich große Fahrzeuge in nordischer

Das um 1465/66 in der nordischen Klinkerbautradition gefertigte Newport-Schiff hatte eine Länge von 31 m und verfügte schon über drei Masten.

Aber Wrac'h Städtchen und gleichnamiger Flusslauf an der französischen Atlantikküste, vor dem ein spätmittelalterlicher Schiffsfund entdeckt wurde.

Bautradition für das 15. Jahrhundert nachweisen. Mit dem Wrack U 34 (15. Jahrhundert) wurde in den niederländischen Ijsselmeerpoldern ein ursprünglich 30 m langes Schiff mit Balkenkiel und durchgehender Klinkerung gefunden. Eine Besonderheit von U 34 besteht darin, dass die Plankenverbindungen im Bodenbereich wechselweise mit Nieten und Holznägeln zusammengehalten wurden. Zur Abdichtung diente eine Mooskalfaterung mit Leisten und Sinteln. Sehr große Ähnlichkeit zum Danziger Kupferwrack weist ein Schiffsfund (1390–1435) von der Nordküste der Bretagne, im Mündungsbereich des Flusses Aber Wrac'h, auf. Die geklinkerten Reste des Rumpfes haben noch eine erkennbare Länge von 20 m sowie eine Breite von 6 m und sind bis zu den Querbalken erhalten. Die Eichenhölzer für das Wrack wurden vermutlich in Südengland oder Südeuropa geschlagen. Ein weiteres Schiff (1465/1466) dieser Dimension und Bauart wurde 2002 in Newport entdeckt. Es ließ sich auf eine Länge von 31 m und eine Breite von 8 m rekonstruieren. Mit dem Kriegsschiff »Grace Dieu« (1418), dessen Überreste sich noch im Hamble bei Hampshire befinden, wurde vermutlich das größte Schiff in nordischer Klinkerbautradition geschaffen. Die Längenschätzung für dieses Fahrzeug differiert bei einem noch erhaltenen 38 m langen Rumpffragment zwischen 40 und 67 m. Die vermutete Ladekapazität lag bei 1 400 t.

Durch die engen kulturellen Austauschbeziehungen im Spätmittelalter entwickelten sich sowohl die westeuropäisch-friesische als auch die nordische Klinkerbautradition weiter. Zur Steigerung der Ladekapazität erfolgte eine höhere Aufplankung der Bordwände. Ab dem 13. Jahrhundert ist nach den Wrackfunden davon auszugehen, dass sich das Heckruder bei mittleren und großen Fahrzeugen durchsetzte.

Das wiederum bedingte eine steile Ausrichtung des Achterstevens, da so der größte Wirkungsgrad erreicht wurde. Die Anbringung von eisernen Beschlägen und die Wirkung der am Ruderkopf angebrachten Pinne sollten die Effizienz zusätzlich steigern.

Bei beiden Bautypen wurde die Stabilität durch den Einbau von Querbalken mit aufliegenden Knien sowie einer zumindest partiellen Wegerung und durch Stringer erhöht. Die Querbalken durchstießen dabei in den meisten Fällen die Bordwand. Um Beschädigungen zu vermeiden, setzte man keilförmige Abweiser bzw. Fender vor die Balkenköpfe. Bei den Klinkerschiffen löste der Einbau von Querbalken das Bitensystem ab. Mit den Querbalken ergab sich ferner die Möglichkeit, darauf Längsbalken für ein Deck zu verankern. Die Planken des Decksbelages waren vermutlich je nach Aufgabe und vorrangig transportierter Warenart entweder lose aufgelegt oder geheftet. Aus dem Deck entwickelten sich zumindest bei den größeren Fahrzeugen später Aufbauten, die durch Wracks und auch durch Bildquellen nachweisbar sind.

Beide Bautraditionen entwickelten eine annähernd gleiche Gestaltung des Riggs, bestehend aus einem Mast, der Rah und dem dazugehörigen Segel sowie dem Tauwerk des laufenden und stehenden Gutes. Der Mast wurde dabei vorwiegend in einem parallel zum Kiel verlaufenden Balken, dem Kielschwein oder Mastfisch, eingezapft und über Rüstbalken sowie dem Vor- und Achtersteven mit den Wanten sowie dem Vor-

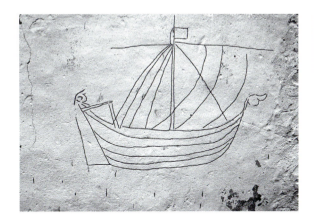

Eine Ritzung in der Außenwand der Kirche von Fide/Gotland zeigt ein durchgängig geklinkertes Frachtschiff mit konvexem Vorder- und steilem Achtersteven. Die Darstellung aus dem ausgehenden 13. Jahrhundert ist ein wichtiger Beleg für hybride Bauformen.

Bitensystem Querversteifung zwischen den Seitenwänden eines Schiffes
Querbalken Die Querversteifung bei Koggen und anderen spätmittelalterlichen Schiffen, die mit hölzernen Kniestücken mit der Bordwand verbunden wurde. Die Kogge hieß deshalb auch »doerbalct scep« – »großes durchbalktes Schiff«.

und Achterstag verbunden. Reste dieser Konstruktion fanden sich in verschiedenen Wracks und auch auf zeitgenössischen Darstellungen. Eine wesentliche technische Neuerung des 15. Jahrhunderts war die Nutzung von mehreren Masten.

Historiker haben eine Vielzahl von Schriftquellen, z. B. Zollbücher, ausgewertet und anhand der Warenmengen die Ladekapazitäten der Schiffe rekonstruiert. Bei Koggen differierte diese zwischen 70 und 220 t und bei den Holken sogar zwischen 198 und 440 t. Solche Tragfähigkeiten konnten noch nicht in jedem Fall durch archäologische Funde bestätigt werden.

Neue Wege im Bau von Großschiffen

Stringer Längsversteifungen des Schiffsrumpfes. **Fender** Schutzkörper an der Außenhaut eines Schiffes.

Während des 12. Jahrhunderts fuhren im Ostseeraum Schiffe der westeuropäisch-friesischen und der nordischen Bautradition nebeneinander, offenbar ohne sich wesentlich zu beeinflussen. Erst im 13. Jahrhundert vereinten Fahrzeuge Merkmale beider Konstruktionsweisen. Diese als »hybride Bauformen« bezeichneten Schiffe kombinierten die guten Fahrteigenschaften der geklinkerten Kielboote mit der größeren Tragfähigkeit und dem effizienteren Bauverfahren von Schiffen der westeuropäisch-friesischen Bauweise.

Ein Schiffsfund in Riga aus dem 13. Jahrhundert verfügte bereits über einen steilen Vordersteven und Querbalken und zugleich über eine durchgehende Klinkerung und Nietenverbände in den Planken. Auch beim Schiffsfund I von Kalmar in Schweden lassen steiler Achtersteven, konvexer Vordersteven, flacher Boden sowie ein Balkenkiel und eine durchgängige Klinkerung Merkmale beider Traditionen erkennen. So wurden hier auch die Plankenverbindungen in zwei Verbindungstechniken hergestellt. Die Planken im unteren Rumpfbereich wurden mit Eisennieten und die im oberen Teil mit Holznägeln verbunden. In gleicher Art ist der Schiffsfund von Vedby Hage (1435) konstruiert, an dem sich auch die Querbalkenkonstruktion mit keilförmigen Fendern erhalten hat. Auch andere durchgängig geklinkerte Fahrzeuge mit Balkenkiel weisen mit zweifach umgeschlagenen Eisennägeln ei-

ne typisch westeuropäisch-friesische Besonderheit auf. Als weitere Eigenheit verfügte ein auf 1333 datiertes Wrack, das vor dem Darß gefunden wurde, über eine Mooskalfaterung – von Leisten überdeckt, die nur durch die Spanten gehalten werden. Für den Nordseebereich bzw. im Bereich der Ostseeeingänge ist bislang mit dem Schiffsfund von Hundevika vor Norwegen *ein* Wrack (14. Jahrhundert) in hybrider Bauweise bekannt. Auffällig ist hier der flache Rumpf, der gleichwohl über einen Balkenkiel, eine durchgängige Klinkerung und Plankenverbindungen mit zweifach umgeschlagenen Nägeln verfügt. Ebenfalls aus dem 14. Jahrhundert datiert der hybrid gebaute Schiffsfund II von Kalmar. Das ursprünglich 20 m lange und 6 m breite Fahrzeug weist neben zweifach umgeschlagenen Nägeln in den Verbänden der durchgängigen Klinkerung eine kombinierte Kalfaterung aus Moos und Tierhaaren auf. Mit einem Balkenkiel zeigt der Rumpf hier einen gerundeten Querschnitt.

Im 13. und besonders im 14. Jahrhundert erfolgte demnach ein verstärkter Austausch von Technologien, der zweifellos das Ziel hatte, die Schiffskonstruktionen zu verbessern. Beide Bautraditionen hatten Vor- und Nachteile, die man durch ihre Kombination auszunutzen bzw. zu vermeiden suchte. Die hansischen Kaufleute erkannten, dass neben einer erhöhten Ladekapazität auch verbesserte Fahrteigenschaften zur Verkürzung der Transportzeiten und zur Abwehr von Havarien für eine Maximierung des Profites im Seehandel wichtig waren. Zwei Wrackfunde mit den Arbeitsnamen »Poeler Wrack« (1369) und »Gellenwrack« (1378), die an der Westseite der Insel Poel bzw. am südlichen Ende von Hiddensee lokalisiert wurden, sind wichtige Belege für die sprunghafte Weiterentwicklung der Schiffskonstruktion in hybrider Bauform in der Blütezeit der Hanse. Aus diesem Grund sind sie im Folgenden ausführlicher beschrieben.

Das Poeler Wrack, 1999 an der Westküste von Poel bei Timmendorf lokalisiert, war einst ein großes, geklinkertes Handelsschiff. Es wies noch eine zusammenhängende Konstruktion der Rumpfschale von 20,20 m Länge und 7,80 m Breite auf, die weitgehende schiffbauliche Analysen zuließ. Das Wrack wurde bei der Bergung im Winterhalbjahr 1999/2000 in seine Einzelteile zerlegt, wodurch die Konstruktion des gesunkenen Schiffes genau studiert werden konnte. Das erhaltene Schiffsteil besteht aus Steuer- und Backbordseite einer durchgängig geklinkerten Rumpfschale, in deren Mitte die Elemente einer Kielkonstruktion vorhanden sind. Nach Art der Beplankung entstand das Schiff in Schalenbauweise. Die fast 12 m langen Planken wurden nicht gesägt, sondern tangential aus Kiefernstämmen gespalten und dann mit Beilen geglättet. Aus einem Stamm gewann man dabei zwei Planken, die streng symmetrisch jeweils in der Steuer- und Backbordseite verbaut wurden. Zweifach umgeschlagene Nägel verbanden die Planken miteinander. Unter gänzlichem Verzicht auf Kalfatleisten und die entsprechenden Klammern dienten Tierhaare und Hanffasern als Dichtungsmittel zwischen den Planken. In Teilen des Schiffskörpers befanden sich schon während des Baus der Rumpfschale eingelegte Versteifungs- bzw. Abdichtungsbretter, die zur Verstärkung beanspruchter Bereiche dienten.

Die im Wrack erhaltenen Spanten waren einst Bodenwrangen und Auflanger. Um die Krümmung im Bereich der Kimmung mit gewachsenen Spanten auszusteifen, wurden die für die Spanten verwendeten Kiefernstämme samt Wurzeln ausgegraben, deren Ansatz für die Krümmung ausgenutzt wurde. Auf den Spanten sind im Bereich der Plankenstöße in den jeweiligen Gängen kreuzförmige Markierungen mit dem Beil eingeschlagen worden, um diese Berei-

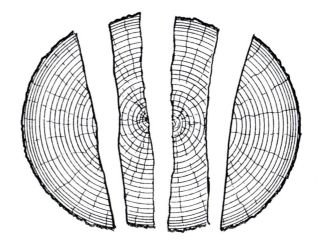

Beim tangentialen Spaltverfahren konnten aus einem Stamm zwei Planken gewonnen werden.

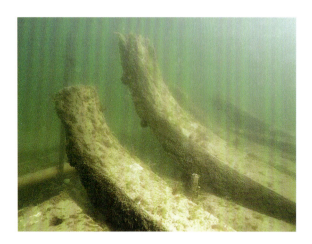

Beim Poeler Wrack ist der regelmäßige Wechsel von gewachsenen und zusammengesetzten Bodenwrangen und Auflangern im Bereich der Kimmung zu erkennen. Für die Krümmung der Spanten wurden beim Schiffbau Wurzelansätze und Astgabelungen ausgenutzt.

che nicht durch Nägel zu schwächen. Die Spanten setzte man mit Holznägeln in die Rumpfschale ein, wobei die Zwischenräume teilweise nur 5 cm betrugen. Die Nägel waren mit Holzstiften, sogenannten Deuteln, von der Außenseite und mit Keilen von der Innenseite aufgespalten.

Im Umfeld des Schiffes konnten der Achtersteven mit der eisernen Bänderung für das Ruder sowie ein Bruchstück der aufgehenden Bordwand gefunden werden. Die Segeleigenschaften des flach gebauten Rumpfes waren durch einen Balkenkiel verbessert, der durch einen maximalen Querschnitt von 45 cm und durch die Konstruktion mit den Tothölzern etwa 60 cm aus der Bodenschale herausragte. Die Spanten der Steuer- und Backbordseite wurden vom dritten bis zum sechsten Plankengang etwas stärker ausgearbeitet, sodass hier der Rumpf negativ einzog. Diese Konstruktion verbesserte die Segeleigenschaften bei seitlichen Winden.

Dendrochronologische Untersuchungen der Schiffshölzer ergaben eine Bauzeit um 1369, in welcher auch die im Wrack vorgefundenen Buchenkeile zum Verstauen der Ladung entstanden sind. Dieser zeitliche Zusammenhang sowie minimale Gebrauchsspuren am Schiffskörper deuten darauf hin, dass die Kogge bereits kurz nach ihrer Erbauung an der Poeler Westküste strandete. Für die Krummhölzer und Holznägel liefert die Mecklenburger Kiefernchronologie die besten Vergleichswerte. Die Herkunft der Planken ist mangels passender Vergleichsreihen noch unklar.

Der Poeler Fund deutet nicht etwa auf ein schiffbauliches Experiment, sondern auf eine durchaus gebräuchliche Bauform, wie das 1996 an der Südwestküste von Hiddensee gefundene Gellenwrack belegt. 1997 konnte dort ein 15,90 m langes und 3,60 m breites geklinkerte Fragment einer Backbordseite geborgen werden. Wie beim Poeler Fund besteht die erhaltene Konstruktion ausschließlich aus Kiefer. Die Planken für das in Schalenbauweise hergestellte Schiff wurden ebenfalls tangential aus Stämmen her-

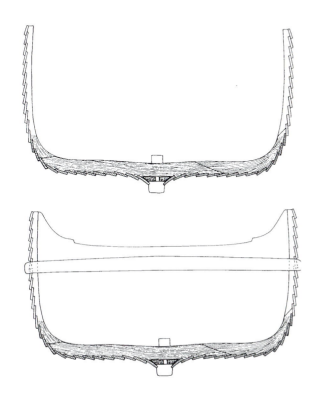

Querschnitt des Poeler Wracks. Mit der durchgängigen Klinkerung und der aus dem Rumpf ragenden Kielkonstruktion verbesserten sich die Fahrteigenschaften der Koggen erheblich.

aus gespalten und mit Breit- oder Querbeilen geglättet. Bei den erhaltenen Spanten handelt es sich um Bodenwrangen, an denen im Bereich der Kimmung der Übergang zu den Auflangern der Backbordseite zu erkennen ist, teils durch die Verwendung von Krummhölzern, teils durch Auflaschung. Durch die Beschaffenheit der Bodenwrangen und den Ansatz der Spanten im Bodenbereich kann auf einen Balkenkiel geschlossen werden. Nagelspuren an der Oberseite der Spanten deuten auf eine partielle Wegerung. Wie beim Poeler Wrack bildeten die Verbindungen zwischen den Planken zweifach umgeschlagene Eisennägel und zwischen Spanten und Planken aufgekeilte Holznägel.

Allerdings weist das Gellenwrack ein sehr ungewöhnliches Detail auf. Das Rumpffragment zeigt eine mehrfache Beplankung! Neben der primären Klinkerbeplankung wurde als Reparaturmaßnahme eine weitere sekundäre Außenhaut zur Abdichtung des Schiffes aufgebracht. Dabei erfolgte der Ausgleich der treppenförmigen Absätze der ursprünglichen Klinkerbeplankung durch Leisten mit einem dreieckigen Querschnitt. Auf die so geebnete Rumpffläche wurde dann als neue Schicht eine glatt abschließende, kraweele Außenhaut aufgebracht. Als Dichtungsmaterial wurden bei der primären geklinkerten Beplankung pechgetränkte Tierhaare verwendet. Bei der Reparaturphase mit der Aufbringung der sekundären kraweelen Beplankung nutzte man Baumbast. Die dendrochronologische Analyse ergab, dass das Schiff um 1378 gebaut und etwa 1394 umfassend repariert wurde. Beide Male kamen Kiefernhölzer von der südwestlichen Ostseeküste zum Einsatz.

Bergung und Vermessung des Gellenwracks

Die Bergung des Wracks ermöglichte die genaue Untersuchung und zeichnerische Erfassung aller Teile und darauf aufbauend die Erstellung eines Zustandsmodelles im Maßstab 1:10. Im nächsten Schritt lieferten schiffstheoretische Berechnungen Daten zur ursprünglichen Beschaffenheit des Schiffes. Die Länge im Bereich der Wasserlinie lag demnach bei 22 m, die Länge über alles bei 28 m. Im Bereich des Hauptspantes betrug die Breite über alles 7 m, sodass sich ein Längen-Breiten-Verhältnis von 3,14:1 ergibt. Das Schiff hätte bei diesen Dimensionen etwa 26 Plankengänge in jeder Seite und 65 Spanten besessen. Mit den erhaltenen Spanten und dem ersten Plankengang kann auf einen annähernd quadratischen Balkenkiel mit einem Querschnitt von 45 cm bis 50 cm gerechnet werden. Durch die Tothölzer zwischen den Spanten und dem Kiel ragte dieser etwa 70 cm aus dem flachen Schiffsboden heraus. Der betonte Kiel verringerte die Abdrift erheblich, wenn das Schiff am Wind segelte. Die Höhe im Bereich des Hauptspantes betrug 3,3 m und der Tiefgang lag je nach Zuladung zwischen etwa 1,80 m und 2,50 m. Die Ladekapazität bzw. Tragfähigkeit dürfte bei 150 t gelegen haben.

Wracks aus der Zeit ab dem 15. Jahrhundert vereinen vermehrt Elemente der westeuropäisch-friesischen und der nordischen Bautradition. Auch die Funde IV und V von Kalmar weisen die bereits beschriebenen Bauelemente auf. Am besser erhaltenen Fund IV lässt sich eine Querbalkenkonstruktion erkennen, die bei Fund V vermutlich ebenfalls bestand. Während für Fund IV partiell Kiefernholz verwendet wurde, besteht bei V die Beplankung ausschließlich aus Kiefer.

In der maritimen Forschung werden noch vorhandene traditionelle Fahrzeuge als rezente Schiffe/Schiffstypen bezeichnet. An ihnen können althergebrachte Schiffbautechnologien studiert werden.

Vor der ehemaligen Soneburg des Deutschen Ordens auf der Insel Saaremaa (Ösel) wurde das Maasilinn-Wrack (1550) lokalisiert. Die Form des ursprünglich 16 m langen Rumpfes mit Balkenkiel, flachem Boden und durchgehender Klinkerung sowie die Plankenverbindungen mit zweifach umgeschlagenen Nägeln weisen große Ähnlichkeit zum Gellen- und zum Poeler Wrack auf, ebenso der aus dem flachen Rumpf herausragende Balkenkiel ohne Verbindung zu den Spanten.

In Schweden konnten später datierte Wracks in ähnlicher Bauweise und Dimension erfasst werden. Es handelt sich um Schiffsfunde bei Salmisviken in Norbotten, das Bockholmen-Wrack auf den Ålandsinseln, das Wrack Hammar I in Västernorrland sowie die Wracks A und D bei der Insel Krogen. Die genannten Fahrzeugreste sind anhand von Beifunden oder Konstruktionsmerkmalen in die Zeit vom 17. bis ins 19. Jahrhundert datierbar. Die beschriebene Bauweise hatte folglich einen langen Bestand. Diese Vermutung untermauern rezente Schiffstypen. Mit der estländischen Lodia bestand bis zur ersten Hälfte des 20. Jahrhunderts im Baltikum ein etwa 20 bis 24 m langes Fahrzeug, dessen Rumpfform große Ähnlichkeit zu den beschriebenen Wrackfunden besaß. Ebenfalls bis in diese Zeit erhielt sich mit den Haxen in Ångermanland ein ähnlicher Schiffstyp. Alle diese Fahrzeuge sind aus Kiefernholz gefertigt.

Allerdings zeigen die Wrackfunde der großen geklinkerten Schiffe in den verschiedenen Bautraditionen und in der hybriden Bauweise ein Problem, das eine beliebige Vergrößerung der Schiffsdimension verhinderte. Die Klinkerschiffe weisen in ihrer Rumpfkonstruktion eine hohe Elastizität auf. Dieses Phänomen war beispielsweise bei den Langbooten der Wikinger erwünscht, da die Fahrzeuge so auch starke

Das Fotomosaik zeigt die hölzerne Konstruktion vor der Bergung des Gellenwracks.

Wellenbewegungen aufnehmen und nicht brachen. Trotz der Längsversteifungen mit Stringern und Querversteifungen mit den Spanten und Querbalken behielten die großen Klinkerfahrzeuge einen Teil dieser Elastizität. Das führte dazu, dass das Schiff gerade in seinen Plankenverbindungen stark arbeitete, wodurch die Nagelverbindungen an Stabilität verloren und die Kalfaterung regelrecht aufgerieben wurde. Die Schiffe segelten sich »weich«, Wasser konnte zunehmend eindringen, die Ladung verderben oder im schlimmsten Falle zum Untergang führen.

Als Reaktion darauf wurden beim Poeler Wrack die Spanten sehr dicht gesetzt, um eine hohe Steifigkeit des Schiffskörpers zu erreichen. Beim Gellenwrack waren die Abstände zwischen den Spanten wesentlich größer, sodass eine Abdichtung des lecken Rumpfes etwa 16 Jahre nach Erbauung des Schiffes mit einer weiteren Plankenhaut erfolgen musste. Das bereits erwähnte Kriegsschiff-Wrack »Grace Dieu« (1418), dessen Überreste im Hamble bei Hampshire liegen, zeigt mit einer rekonstruierten Länge von mehr als 40 m, in einer anderen Berechnung sind es sogar 67 m, welche Dimensionen in Klinkerbauweise erreicht werden konnten. Aufgrund der gewaltigen Abmessungen rechnete man bei diesem Fahrzeug mit einer starken Beanspruchung des Rumpfes, sodass er bereits mit einer dreifachen Klinkerbeplankung konstruiert wurde. Das führte jedoch dazu, dass das Schiff zu schwer und für einen Einsatz auf See ungeeignet war.

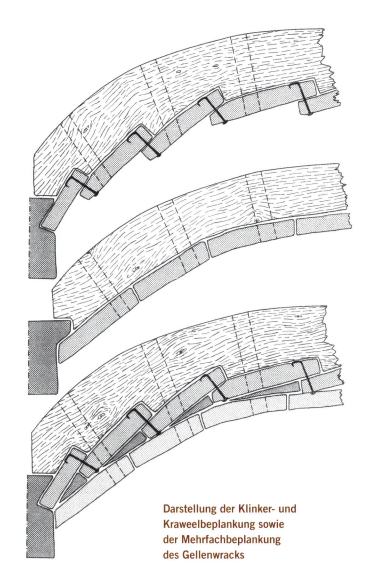

Darstellung der Klinker- und Kraweelbeplankung sowie der Mehrfachbeplankung des Gellenwracks

Schiffbauingenieur und Holzbootsbauer Oliver Schmidt mit dem Zustandsmodell des Gellenwracks im Maßstab 1:10

Einzug des Kraweelbaus in der Nord- und Ostseeregion

Da die Schalenbauweise von geklinkerten Schiffen sowohl mit der westeuropäisch-friesischen als auch mit der nordischen Klinkerbautradition an ihre Grenzen stieß, kam im ausgehenden Mittelalter zunehmend eine Bautradition aus dem Mittelmeerraum zur Anwendung. Die als Kraweelbau bezeichnete Konstruktionstechnik wurde anfangs auch in der Schalen- und ab dem 11. Jahrhundert in der Skelettbauweise durchgeführt. Als Hauptmerkmal dieser Bauweise sind die Planken in den Längsstößen glatt aneinandergesetzt und überlappen sich nicht dachziegelartig wie bei der Klinkerbauweise. Diese Technik war auch im nördlichen Europa nicht unbekannt. Flussschiffe und die Fahrzeuge der westeuropäisch-friesischen Tradition verfügten im Bereich des flachen Bodens über bündig aneinandergesetzte Plankengänge, und erst die Bordwände waren in der üblichen Klinkerung ausgeführt.

Neben der Ausführung der Beplankung war für die Kraweelbauweise der Übergang von der Schalen- zur Skelettbauweise wichtig, bei der zuerst das Spantenskelett geplant und konstruiert wird. Auf das Spantengerüst werden dann die in ihren Längsstößen glatt abschließenden Planken aufgenagelt. Das glatte Aneinandersetzen der Planken führte zu einer deutlichen Materialersparnis beim Holz und hatte überdies den Vorteil, dass schadhafte Planken relativ einfach aus-

Darstellungen von verschiedenartigen dreimastigen Kraweelen auf Gestühlswangen in der Lübecker Schiffercompagnie aus der zweiten Hälfte des 16. Jahrhunderts getauscht werden konnten. Im Gegensatz zum Schalenbau erfolgte bei der Skelettbauweise eine stärkere Verbindung der Spanten untereinander. Zudem ergab sich eine höhere Längs- und Querstabilität durch ein wirkungsvolles System von Kiel- und Stevenkonstruktion, Stringern, Querbalken, Barghölzern und stützenden Kniestücken. Dies gestattete den Bau von vielfach größeren Schiffen.

Die Entwicklung des Kraweelbaus ist außer durch bildliche Darstellungen auch durch einen 1952 im Pharaonengrab des Cheops gelungenen Schiffsfund belegt. Das bronzezeitliche Fahrzeug aus der Zeit um 2650 v. Chr. verfügte über die beachtliche Länge von 43,63 m und eine Breite von 5,66 m. An dem ägyptischen Schiff lassen sich Merkmale erkennen, die auch in den nachfolgenden Jahrtausenden zur Anwendung kamen. Seine Rumpfschale besteht aus hölzernen Planken, die in ihren Stößen glatt abschließen und durch Tauwerk untereinander verschnürt sind. Ein zusätzliches Verbindungselement findet sich zwischen den Längsseiten der Planken in Form von Nut, Feder und Dübel (Mortice, Tenon und Gomphoi). Diese Art der Beplankung und Plankenverbindung war lange Zeit typisch für den mediterranen Schiffbau. Erst für das Mittelalter lässt sich ein Konstruktionswechsel von der Schalen- zur Skelettbauweise nachweisen. Beim Wrack von Yassi Ada (7. Jahrhundert) ließ sich die Plankenverbindung mit Feder und Nut nur noch vereinzelt feststellen, beim ebenfalls vor der türkischen

Küste entdeckten Schiffsfund von Serçe Liman (1024/1025) fehlte sie völlig. Wesentliches Merkmal der aufkommenden Skelettbauweise war, dass man nun zuerst das Stützskelett aus Spanten zimmerte, an dem die Planken glatt abschließend – kraweel – mit Eisennägeln angebracht wurden. Diese Bauweise war beim Wrack von Contarina im Podelta (13. Jahrhundert) schon mit großer Fertigkeit ausgeführt.

Eine wichtige Quelle zum mittelalterlichen Schiffbau im Mittelmeer bildet ein Vertrag über die Bereitstellung von Segelschiffen, den Ludwig IX. von Frankreich (1214 – 1270) mit den Städten Marseilles, Genua und Venedig abschloss. Darin sind mit 28,90 m und 25,20 m Länge die Dimensionen der Schiffe festgehalten, die für den siebten Kreuzzug nach Ägypten und den achten nach Tunis benötigt wurden. Bislang ist ungeklärt, ob bei den Kreuzzügen neben Schiffen aus den Stadtstaaten der nördlichen Mittelmeerküste auch Koggen und andere Fahrzeugtypen aus West- und Nordeuropa zum Einsatz kamen. Spätmittelalterliche Schiffsdarstellungen, wie auf der 1367 gezeichneten Portolankarte von Pizzigani, zeigen zweimastige Fahrzeuge, die neben der Hochbordigkeit mit steilen Steven und einem Heckruder am Achtersteven west- und nordeuropäische Merkmale aufweisen.

Mit dem Bericht des Mainzer Domdekans Bernhard von Breydenbach über seine Pilgerreise ins Heilige Land sind weitere wichtige Bildzeugnisse zum mediterranen Schiffbau und zur Schifffahrt überliefert. Breydenbach reiste 1483 mit dem Schiff über Venedig nach Palästina. In seinem Gefolge befand sich der Utrechter Maler Erhard Reuwich, der die Vorlagen für die Illustrierung des 1486 veröffentlichten Reiseberichtes lieferte. Auf den Darstellungen der Häfen von Venedig, Rhodos, Korfu, Candia, Modon und Jaffa sind neben kleinen Booten, mittleren Küstenfahrzeugen und Galeeren auch große Seeschiffe zu erkennen. Diese weisen einen gerundeten – fast bananenförmigen – Schiffskörper auf, der im Bereich des Vor- und Achterschiffs in kastellartigen Aufbauten endet. Einen Beleg für die Authentizität dieser Illustrationen liefert ein Wrack vor Sardinien. Der Rumpf dieses ins 15. Jahrhundert datierten Schiffsrestes zeigt 24 cm breite Planken, die von halbrunden Straken mit einem Durchmesser von 10 cm eingefasst sind. Die gesamte Beplankung des Fahrzeugs ist kraweel in Skelettbauweise angesetzt.

Von der iberischen Halbinsel ausgehend fand die neue Bautechnologie über die Küstenregionen von Flandern, Holland und Friesland Eingang in den Schiffbau und die Schifffahrt West- und Nordeuropas. Eine wichtige Quelle hierzu sind die Kupferstiche eines unbekannten, vermutlich in Brügge ansässigen Meisters, der seine Blätter mit dem Kürzel »WA« signierte. Der Künstler, der im Dienste Karls des Kühnen (1433 – 1477) stand, fertigte einige sehr detailgetreue Abbildungen von Schiffen aus seinem regionalen Umfeld

Schiffbauplatz mit einem Kraweel in Venedig, Illustration aus Breydenbachs Bericht von 1486

und versah diese teilweise sogar mit Typenbezeichnungen.

Die Kraweelbauweise verbreitete sich u. a. über den Ankauf von Schiffen. Beispielsweise diente ein von Hamburger Kaufleuten 1466 erworbenes Kraweel aus

Dreimastiges Kraweel auf einer Pforte in der Wismarer Heiligen-Geist-Kirche, Darstellung um 1574.

Das ursprünglich etwa 18 m lange Gefährt zeigt eine für diese Übergangsphase im Schiffbau typische Besonderheit. Die Plankenverbände wurden mit Hilfe kleiner Verbindungsbretter zusammengefügt und dann mit Spanten ausgesteift. Die in der westeuropäischen und nordischen Bautradition übliche Schalenbauweise wurde also anfangs auf den »Voll-Kraweelbau« übertragen.

1462 lief das Kraweel »Peter von La Rochelle« mit einer Ladung Baiensalz in Danzig ein. Bei einer rekonstruierten Länge von 43 m und einer Tragfähigkeit von 800 t wurde es auch als »Dat grote Kraweel« bezeichnet. Durch einen Blitzschlag wurde die »Peter von La Rochelle« schwer beschädigt und anschließend seitens der Stadt erworben. Da die neuen Eigentümer das Fahrzeug 1470 zum Kriegsschiff mit dem Namen »Peter von Danzig« umbauten, ist davon auszugehen, dass ansässige Schiffbauer die Konstruktion genau erfassen konnten. Das Kraweel erlitt 1478 Schiffbruch und wurde abgewrackt.

Vor Mukran an der Ostküste von Rügen konnte ein Fahrzeug in kraweeler Bauart entdeckt werden, das nach dendrochronologischen Untersuchungen um 1535 und mit großer Wahrscheinlichkeit in Lübeck gebaut wurde. Es sank am 21. Mai 1565 als Bestandteil eines dänisch-lübschen Kontingents im Kampf mit der schwedischen Flotte. Das ursprünglich 25 bis 30 m lange Wrack ist mit glatt abschließender Beplankung in Schalenbauweise gefertigt. Auch bei die-

Flandern als Vorlage für weitere Fahrzeuge. Dies kann durch einen Wrackfund vor Zingst belegt werden. Die Holzherkunft des einstigen Schiffes deutet darauf hin, dass es (nach 1476) in Hamburg gebaut wurde.

sem Fahrzeug wurden die Planken über Formschablonen, sogenannte Mallen, miteinander verbunden und dann mit Spanten ausgesteift. Vor dem Einsetzen der Spanten fixierte man über den Plankennähten zur zusätzlichen Abdichtung Kalfatbretter. Beim »Mukranwrack« handelt es sich um eins von vier versenkten Schiffen, die als »Arche«, »Bär«, »Jägermeister« und »Nachtigall« namentlich überliefert sind. Aufgrund der archäologischen Untersuchungen wurde eine computeranimierte Rekonstruktion des Fundes erzeugt. Neben dem Kraweelbau stellt dieses Wrack auch ein Beispiel für die Fertigung von Kriegsschiffen dar. Im Mittelalter war es meist üblich, Handelsschiffe für militärische Einsätze zu armieren, während man im 16. Jahrhundert dazu überging, reine Kriegsschiffe zu bauen. Ein Grund dafür war die Verwendung schwerer Kanonen, die im Oberdeck für Stabilitätsprobleme sorgten und deshalb tiefer im Schiff stationiert werden mussten. Dazu wurden in den unteren Decks verschließbare Stückpforten in die Bordwände eingeschnitten. Die so entstandene Schwächung der Bordwände wurde durch zusätzliche Längs- und Querversteifungen ausgeglichen. Dabei entstanden regelrechte »schwimmende Festungen«, wie sie mit den Wracks der »Mary Rose« (1510 gebaut, 1545 gesunken) vor dem englischen Hafen Portsmouth mit über 40 m Länge und dem 69 m langen Regalschiff »Vasa« (auf der Jungfernfahrt 1628 gesunken) im Hafen von Stockholm gefunden werden konnten.

Beplankung und Spanten eines frühen Kraweels vor Zingst. Das Schiff wurde Anfang des 16. Jahrhunderts mit Hölzern aus der Region um Hamburg gebaut.

Während beim Schalenbau der Rumpf durch den Schiffbaumeister mit verschiedenen Hilfsmitteln, wie dem Spannen einer Bezugslinie zwischen den Steven und der Verwendung von Mallen frei modelliert werden konnte, so erforderte der Aufbau eines Spantengerüstes bei der Skelettbauweise schiffstheoretische Planungen. Ab dem 15. Jahrhundert und verstärkt ab dem 16. Jahrhundert sind Konstruktionszeichnungen und Modelle überliefert, die wichtige Informationen zum Aufbau der Schiffe enthalten, beispielsweise das »Mataro-Modell« eines ursprünglich zweimastigen Kraweels von 1450 aus dem katalanischen Kloster von San Simon in Mataro. Im Schweriner Landesarchiv ist eine Aktensammlung mit dem Namen »Acta Comercii Navigationii Maritimae« erhalten. Darin finden sich Kostenanschläge für zwei Schiffe von 150 und 300 Lasten, die der Wismarer Bürger Hermann Sternberg 1561 auf Befehl von Herzog Johann Albrecht fertigte. Im Rahmen solcher Schriftstücke sind Konstruktionsdetails genau benannt und skizziert. In die erste Hälfte des 16. Jahrhunderts werden drei Schiffsmodelle datiert, die auf dem Gelände der Universität Rostock beim Pädagogium »Porta Coeli« in zwei Fäkalgruben entdeckt werden konnten. Die mit sachkundiger Hand gefertigten Modelle zeigen zwei unterschiedliche mehrmastige Kraweele. Im 16. Jahrhundert versuchte der Schiffskonstrukteur Mathew Baker den Schiffbau mit mathematischen Berechnungen zu ergründen und stellte um 1570 das Manuskript »Fragments of Ancient English Shipwrightry« zusammen, das unter Mitarbeit von John Wells vollendet wurde.

In der Bilanz ist festzustellen, dass an der Wende vom Mittelalter zur Neuzeit ökonomische und politische Entwicklungen Innovationen im Schiffbau erforderten, um die Fahreigenschaften zu verbessern, die Reichweite zu erhöhen und die Tragfähigkeit für profitable Frachten zu vergrößern. Dies führte im 15. Jahrhundert mit der Verwendung des »Voll-Kraweelbaus« und mit der Durchsetzung der Skelettbauweise zu einer Europäisierung im Schiffbau. Kraweele lassen sich in annähernd identischer Konstruktion an allen europäischen Küsten nachweisen. Die zweite grundlegende Neuerung dieser Zeit war die Erhöhung der Mastenanzahl mit einer Kombination von Rah- und Lateinersegel. Diese bahnbrechenden Veränderungen hatten eine erhebliche Leistungssteigerung der Schiffe zur Folge und leiteten das Zeitalter der Entdeckungen an den Küsten Amerikas, Afrikas und Asiens ein.

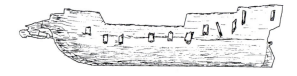

Eines der Rostocker Schiffsmodelle

Werftplätze, Schiffbaumaterial und Know-how

Um die Leistungsfähigkeit des mittelalterlichen Schiffbaus zu bestimmen ist es wichtig, neben einer Analyse der Konstruktionstraditionen auch die Bauplätze, die Lastadien, mit den dort verwendeten Werkzeugen,

Technologien und Materialien zu untersuchen. Leider fließen hier die Quellen nur spärlich.

Eines der aussagekräftigsten bildlichen Zeugnisse stellt der um 1077 entstandene Teppich von Bayeux dar, der die Landung und den Sieg des normannischen Herzogs Wilhelm des Eroberers über England zeigt. Sehr detailliert ist hier der Bau der Invasionsflotte mit der Bearbeitung der Planken, dem Aufbau der Schiffskörper und den dabei verwendeten Werkzeugen dargestellt.

Ein im Spätmittelalter überaus beliebtes Motiv ist die biblische Szene mit dem Bau der Arche durch Noah, bei dessen Ausgestaltung die Künstler häufig zeitgenössische Details verwendeten. Ein gutes Beispiel ist das Wandgemälde der Kirche von Toitenwinkel bei Rostock. Die Darstellung aus der zweiten Hälfte des 14. Jahrhunderts zeigt Noah beim Kalfatern eines Schiffes in der nordischen Klinkerbautradition. Einer seine Söhne glättet zwei Planken mit einem Breitbeil, die im Spaltverfahren gewonnen worden sind, während ein anderer eine Planke zum Ansetzen in den Schiffskörper transportiert.

In den schriftlichen Hinterlassenschaften jener Zeit finden sich nur vereinzelte Hinweise zur Organisation des Schiffbaus. Der Nachweis des Schiffbauhandwerks in den Städten gelingt vornehmlich über Hinweise auf den damit beschäftigten Personenkreis, durch Zunftverordnungen und in späterer Zeit durch Lastadienbücher. Vielfach lassen sich die Lastadien oder angeschlossene Gewerke wie Hafen- und Ankerschmieden, Teeröfen sowie die Reeperbahnen auch durch Flurnamen erfassen.

Aus archäologischer Sicht schlagen sich Lastadien bislang kaum in Fundmaterial nieder. Nach dem Stapellauf blieben nur wenig Produktionsabfälle, wie unbrauchbare Nieten und Nägel, Pechreste, Kalfatmaterial und Holzspäne, vor Ort. Dennoch sind mehrere Plätze nachweisbar, etwa in Fribrodrea auf Falster in Dänemark aus dem ausgehenden 11. Jahrhundert. Neben Überresten des Schiffbaus konnten hier auch einige Schiffsteile, wie Spanten und Plankenreste von vermutlich abgewrackten Fahrzeugen, geborgen werden, deren Plankenverbindungen aus Holznägeln bestanden. Dies lässt den Schluss zu, dass auf den Werften unbrauchbare Schiffe ausgeschlachtet wurden, insbesondere um die begehrten Krummhölzer für die Spanten wiederzuverwenden.

Ähnlich aussagekräftige Befunde wie auf Falster kamen für das 13. Jahrhundert in der Rostocker Grubenstraße ans Licht. Im Uferbereich des Warnow-Totarms, der sogenannten Grube, fanden sich Reste einer Slipanlage bzw. Bragebank. Das Fundgut umfasst neben diversen Produktionsabfällen Teile von mindestens zwei abgewrackten Fahrzeugen. Es handelt sich vornehmlich um Plankenverbände, wogegen die Spanten offensichtlich herausgetrennt und weiterverwendet worden sind. Die Rostocker Schiffsreste entstammen der nordischen Klinkerbautradition. Interessant ist,

Kalfatern ist die Arbeit zur Abdichtung der Fugen zwischen den hölzernen Planken. Die Kalfaterung aus einem Dichtmaterial (Tierhaare, Moos, Hanf) wird, mit Pech durchtränkt, meist schon beim Bau des Schiffes zwischen die Planken gelegt und dann regelmäßig zur Nachdichtung mit speziellen Kalfathämmern und -eisen in die Plankennähte hineingetrieben.

dass die Plankenverbindungen ursprünglich durch Holznägel erfolgten, wie an der südlichen Ostseeküste bzw. im slawischen Bootsbau üblich, während bei einer späteren Reparatur eingefügte Plankenstücke auf skandinavische Art mit Nieten befestigt wurden.

In Lübeck legten Grabungen im Bereich der Untertrave einen in das 13./14. Jahrhundert datierten Werkbereich frei, der mit Schiffsnägeln und Nieten, Sinteln, einem Plankenbruchstück, Resten der Takelage sowie einem Löffelbohrer Fundstücke erbrachte, die als Hinweise auf Schiffbau oder zumindest Schiffsreparaturen vor Ort gelten können.

Acht unabhängige Schiffbaumeister im Bereich der heutigen Stralsunder Frankenvorstadt belegen schriftliche Quellen für 1393. Archäologische Grabungen in der Stralsunder Hafenvorstadt zeigten, dass auch hier zwischen dem 13. und 15. Jahrhundert Schiffe unter Verwendung ausgeschlachteter Fahrzeuge repariert wurden.

Die Gewinnung von Spanten und Schiffsplanken für einen sekundären Gebrauch lässt sich überdies in Greifswald an den Fundplätzen in der Rotgerber/Weißgerberstaße sowie am östlichen Ryckufer im Bereich der Brüggstraße belegen. Auf Reparaturen am Westufer des Ryck deutet eine dort entdeckte Konzentration von Tierhaaren zur Kalfaterung hin. Hinweis auf Werften in diesem Bereich gibt ferner eine Darstellung Greifswalds aus der Stralsunder Bilderhandschrift des beginnenden 17. Jahrhunderts, die in diesem Bereich ein aufs Land gezogenes Fahrzeug zeigt.

Der weit bekannte Fund der »Bremer Kogge« liefert ebenfalls einen wichtigen Beleg für den Schiffbau. Noch bevor das Fahrzeug fertiggestellt war, wurde es 1380 vermutlich durch eine Flut von der Helling gerissen und versank in der Weser. Das noch nicht vollständig geschlossene Schiffsdeck sowie diverse Werkzeuge und Schiffbaumaterialien an Bord deuten darauf hin. So befanden sich im Wrack ein Dechselhammer, ein Hammer, eine Axt, ein Messer und ein Dreikanteisen. Letzteres diente zum Umschlagen der Nägel der Beplankung. Auch ein Fass mit Teer, vier Jungfern zum Abspannen des Mastes sowie ein halbfertiger Ankerstock sollten wohl dem Bau der »Bremer Kogge« dienen, deren Reste 1962 geborgen wurden.

Ein wichtiger Aspekt des Schiffbaus war der Holzbedarf. Durch die Städtegründungen entlang der süd-

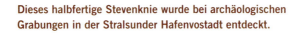

Dieses halbfertige Stevenknie wurde bei archäologischen Grabungen in der Stralsunder Hafenvostadt entdeckt.

lichen Ostseeküste stieg die Nachfrage stark an. Bereits im 13. Jahrhundert machten sich Engpässe bei der Holzbeschaffung im stadtnahen Gebiet bemerkbar. Flüsse, insbesondere die Weichsel und die Düna, waren für den Import hochwertiger Eichen- und Kiefernstämme aus dem Binnenland von größter Bedeutung. Ein bei Wustrow lokalisierter Wrackfund in der nordischen Klinkerbautradition (1108) und ein in der westeuropäisch-friesischen Bautradition gefertigter Schiffsfund (1280) ist mit Eichenhölzern aus dem Bereich der Warnow gebaut. Die Kiefern für die Wrackfunde vom Gellen und von Poel stammten aus dem südwestlichen Ostseeraum, die lang gewachsenen Planken und Spanten waren importiert. Ein Wrackfund in der westeuropäisch-friesischen Bautradition vom Darß, die sogenannte Darßer Kogge (1313) und ein in der Nähe lokalisiertes Wrack in Klinkerbauweise (1333) bestehen jeweils aus Holz der Weichselregion. Auch für die bereits erwähnten Wrackfunde von Lille Kregme, Vejby, Skanör und Vejdyb ergab die Untersuchung eine Herkunft aus diesem Bereich bzw. dem heutigen Polen. Die Hölzer eines auf 1371 datierten geklinkerten Fahrzeuges, das vor Bodstedt entdeckt wurde und auch Teile des um 1476 in der westeuropäisch-friesischen Tradition gebauten Schiffes von Wismar-Wendorf kamen aus dem Einzugsgebiet der Düna.

Holz wurde meist im Winter geschlagen, im Frühjahr mit Flößen zur Küste transportiert und dort mit einer relativ hohen Restfeuchte verarbeitet. Schiffsplanken wurden durch die Säge- oder Spalttechnik gewonnen. Beim ersten Verfahren wurden die Stämme anfangs über Gestelle per Hand aufgesägt, später kamen Sägemühlen in Gebrauch. Dieses Verfahren ermöglicht eine sehr wirtschaftliche Ausnutzung des Holzes. Nachteilig ist, dass der natürliche Faserverlauf gestört wird und gesägte Planken beim Bau häufiger zum Reißen oder Brechen neigen. Die Planken der Schiffsfunde von Rostock (1280), vom Darß (1313) und von Wismar-Wendorf (1476) zeigen derartige Schadstellen, die kalfatert oder mit übergesetzten Brettchen oder Pfropfen verschlossen wurden. Die Säge konnte auch bei anderen Schiffsteilen, wie Kiel, Steven und Spanten, zum Einsatz kommen. Sägetechnik lässt sich für das 14. Jahrhundert im Wesentlichen an Schiffsfunden westeuropäisch-friesischer Tradition feststellen.

Die nordische Klinkerbautradition bediente sich – von wenigen Ausnahmen abgesehen – noch bis in das 16. Jahrhundert der Spalttechnik. Dabei wurden die Planken entweder durch das radiale oder tangentiale Aufspalten des Stammes gewonnen. Dies ergab sehr elastische, stabile Planken, da man den natürlichen Faserverlauf kaum beschädigte. Allerdings benötigte man möglichst gerade gewachsenes, astfreies Holz. Zudem trat durch das Spalten und die nachfolgende Glättung der Teile mit Dechseln oder Breitbeilen ein relativ großer Materialverlust auf. Radial gespaltene

Eisennägel gewährleisteten die Verbindung der Plankengänge. (Nachbau der »Poeler Kogge«)

Planken aus Eichenholz konnten beim Wrack von Wustrow (1108), an den Schiffsteilen aus der Rostocker Grubenstraße (13. Jahrhundert) sowie am Wrackfund von Bodstedt (1371) nachgewiesen werden. Dagegen erfolgte bei den Schiffsfunden von Poel (1369) und vom Gellen (1378) ein tangentiales Aufspalten. Die dabei erreichten Längen von bis zu 12 m sind keine Ausnahme, wie die ebenfalls tangential gespaltenen Planken des Nydam Bootes (5. Jahrhundert) zeigen, die Längen von fast 20 m erreichten.

Die Formgebung der gesägten oder gespaltenen Planken erfolgte bei Bedarf durch das Erhitzen über länglichen Feuergruben. Für dieses Verfahren ist ein hoher Feuchtigkeitsanteil im Holz erforderlich, der bei zu langer Lagerung im Trockenen durch Wasserlagerung oder Befeuchten wieder erreicht werden kann.

Für die Verbindung der Plankengänge in Längsrichtung existierten im 14. Jahrhundert auf den Lastadien der südlichen Ostseeküste zwei Verfahren: zweifach umgeschlagene Nägel bei der westeuropäisch-friesischen und eiserne Nieten in der nordischen Bautradition. In den Querstößen erfolgte die Verbindung der Planken über Laschen oder auf Stoß. Bei den Laschungen wurde die Planke so weit abgearbeitet, dass die obere die untere Planke in Fahrtrichtung überlappte und dann mit Nägeln oder Nieten verbun-

den wurde. Die Planken konnten aber auch auf Stoß gesetzt und teilweise mit Brettchen zur zusätzlichen Dichtung übernagelt werden. Das Herstellungsverfahren für Nägel und Nieten war anfangs identisch: Ein über Feuer erhitzter Stab wurde mit rechteckigem Querschnitt und zulaufender Spitze zugeschmiedet, der Kopf mit einem gelochten Senkeisen ausgeschmiedet. Bei der westeuropäisch-friesischen Bautradition schlug man den Nagel (Klinknagel) von der Außenseite ein und von der Innenseite zur Schiffsmitte hin über ein Dreikanteisen um und wieder ins Holz. Im Gegensatz dazu wurde bei der nordischen Klinkerbautradition von der Innenseite her eine rechteckige Eisenplatte auf einen Eisenstift gesetzt, der umgeschlagen und mit der Platte vernietet wurde. In beiden Schiffbautraditionen erfolgte die Befestigung der Spanten durch Holznägel mit konischem Kopf. Diese wurden von der Rumpfaußenseite eingeschlagen und von der Innenseite mit einem eingeschlagenen Keil fixiert. Den Keil schlug man dabei im rechten Winkel zur Faser des Spantes in den Nagel, um den Spant nicht aufzuspalten. Bei Schiffsfunden in hybrider Bauweise fällt auf, dass die Holznägel hier eine zylindrische Form haben. Zu ihrer Fixierung wurde von der Außenseite ein viereckiger Splint, der Deutel, ins Holz getrieben. Für die Holznägel wurde Eiche, Kiefer, aber auch relativ weiches Weidenholz verwendet, wie im Falle des Schiffsfundes von Wismar-Wendorf (1476).

Kalfatklammern, sogenannte Sinteln, zur Fixierung der Kalfatleisten sind typisch für die westeuropäisch-friesische Bautradition. Vielfach sind diese Klammern in Hafengebieten gefunden worden, beispielsweise an den Wracks von Rostock (1280) und Bremen (1380). Beim Wrack von Wismar-Wendorf waren die Kalfatleis-

ten mit einfachen Nägeln fixiert und durch die Spanten gehalten. Diese Art der Abdichtung findet sich auch bei frühen noch in der Schalenbauweise gefertigten Kraweelen. Bei den Wracks von Poel (1369) und vom Gellen (1378) fehlen Kalfatklammern und -leisten völlig.

Zur Abdichtung der Plankennähte verwendeten die Schiffbauer bei Klinkerschiffen in der nordischen Bautradition Tierhaare, meist Schafwolle. Die Haare wurden zu einem Strang gedreht, zopfförmig geflochten oder zu einer Dichtmatte verfilzt. Vor dem Ansetzen einer Planke beim Bau wurde in diese mit einem Zieheisen eine Nut eingeschnitten, in die man Kalfat einlegte und meist mit Teer fixierte. Dann wurde die Planke mit der darunter liegenden überlappend vernagelt oder vernietet. Bei der westeuropäisch-friesischen Bauweise erfolgte die Dichtung meist durch eine pechgetränkte Matte aus Torfmoos, im Bereich der Ostsee verschiedentlich auch durch Tierhaare. Das Material wurde dann wie beschrieben mit einer Kalfatleiste abgedeckt und fixiert. Da während des Schiffbaus die Planken trockneten und sich die Plankennähte öffneten, musste von der Rumpfaußenseite mehrfach nachkalfatert werden. Unter Verwendung eines breiten, spachtelförmgen Kalfateisens mit hohl geschliffener Schneide wurde mit einem Holzhammer Kalfat in die Nähte eingeschlagen. Bei den Kraweelen erfolgte die Dichtung erst nach Abschluss der Beplankung, indem man mit einem Kalfateisen von der Außenseite des

Rumpfes überwiegend Hanf in die Nähte zwischen den Planken trieb.

Der abgedichtete Schiffsrumpf erhielt von außen und innen einen Anstrich aus Kiefernpech. Auf diese Art imprägniert sind die Wracks vom Darß (1313) und von Poel (1369). Schriftliche Quellen erwähnen als weiteren Anstrichstoff »harpois«, eine Mischung aus Pech und Harz. Beim Darßer Wrack waren die Wegerungsplanken des Laderaumes angekohlt, was diesen vor Fäulnis schützte. Mit feuchten Tüchern ließ sich die Wirkung der Flammen zu diesem Zweck sehr genau lenken.

Für die Halterung des Ruders sowie die Befestigung der Kiel- und Steventeile hatten die Hafenschmieden eine ganze Reihe von Beschlägen zu fertigen und anzupassen. Erhalten ist beispielsweise die Ruderbefestigung des Poeler Wracks. Der bislang früheste archäologische Nachweis des Heckruders erfolgte durch das Heckteil mit Ruderhacke von der Bremer Schlachte, das auf 1220 datiert werden konnte. Für den Bereich der südwestlichen Ostsee sind in diesem Zusammenhang das Heckruder des 13. Jahrhunderts aus der Stralsunder Hafenvorstadt, die Ruderhacke des Poeler sowie die Ruderhacke mit Fingerling und Ruderfragment des Wismar-Wendorfer Wracks zu nennen.

Hinweise zu Decks und Kastellaufbauten geben die Wrackfunde von Bremen und dem Darß. Der Bremer Fund lieferte darüber hinaus den Beleg für ein Gangspill auf dem Achterkastell und für ein unter-

---

Die drehbare Vorrichtung zum Ziehen – Einholen – von Tauen heißt Spill. Auf den Schiffen der Hanse befanden sich meist ein Gangspill auf dem Achterkastelldeck und ein Bratspill innerhalb des Achterkastells. Das Spill wurde mittels hölzerner Hebel, der Handspaken, mit Muskelkraft betrieben und diente zum Hieven der Anker, zum Aufholen der Rah, zur Bedienung des Segels und zum Umschlag von Ladung.

Bei Nachbauten orientieren sich die Werkzeuge ebenso wie die mit ihnen verbundenen Arbeitstechniken an historischen Vorbildern. Herstellung von Nägeln für die Replik der »Poeler Kogge«

halb davon angebrachtes Bratspill. Diese zur Bedienung der Rah mit dem Segel erforderliche Winde fand sich auch auf dem Wrack Kalmar I und ließ sich im Fund von Vedby Hage durch eine Wange zur dessen Befestigung nachweisen.

Zum Rigg fanden sich auf den einstigen Werftplätzen und im archäologischen Fundmaterial nur wenige Hinweise. Offenbar ging während einer Havarie nicht selten der lose eingezapfte Mast mitsamt der Rah verloren oder wurde später als gut erreichbares Teil abgeborgen. Im Bremer Fund erhielten sich jedoch hölzerne violinförmige Jungfern zum Spannen der Wanten. Ähnliche Formen besaßen auch drei Jungfern vom Wismarer Reedeplatz. Mit Bezug auf den Wrackfund von Vejby wird vermutet, dass ab dem 14. Jahrhundert Hanftauwerk zum Einsatz kam. Die allgemein intensive Tuchproduktion im Spätmittelalter lässt auf die Verwendung von Leinen für Segel schließen. Hinweise zum Aussehen des Segels geben bildliche Quellen und die von Giorgio Trombetta da Mordon um 1444 verfasste Handschrift (fälschlicherweise oft als Timbotta-Handschrift bezeichnet).

Wracks aus unterschiedlicher Bautradition haben vielfach eine gemeinsame Herkunft im Bereich der südlichen Ostseeküste. Somit ist davon auszugehen, dass innerhalb einer Lastadie und vermutlich sogar durch dasselbe Personal Schiffe in unterschiedlichen Techniken gebaut wurden. Für die Wahl der jeweils angemessenen Konstruktionstechnik waren neben

---

Als **Rigg** bezeichnet man die Takelage aus dem stehenden Gut, also dem Mast, der Rah und den Befestigungstauen und dem laufenden Gut mit den entsprechenden beweglichen Tauen, den Fallen und den Blöcken.
Die **Rah** ist ein rundes Querholz zur Befestigung des Segels, das zum Rigg gehört.
Wanten dienen als stehendes Gut der seitlichen Abstützung des Mastes. Sie sind meist über paarig gesetzte Jungfern mit dem Schiffskörper verbunden.
Jungfern heißen hölzerne Blöcke mit drei oder mehr Bohrungen, durch die die Wanten gespannt werden können.

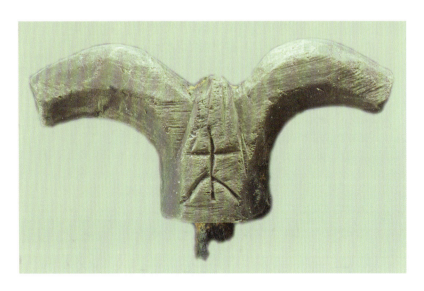

Griff eines Bohrers mit Eigentumsmarke, geborgen vom Wrack der »Darßer Kogge«

Materialfragen bei der geplanten Bauweise sicher die Wünsche des Auftraggebers in Bezug auf die künftigen Aufgaben und das Fahrgebiet maßgeblich. Wie bereits dargelegt, spielte Bevölkerungswanderung ab dem 12. Jahrhundert eine große Rolle bei der Verbreitung von Schiffbautraditionen. Auf größeren Schiffen dürften überdies Zimmerleute zur Besatzung gehört haben, um diese auf See instand zu halten. Werkzeugfunde aus verschiedenen Wracks, die sogar mit Eigentumsmarken versehen sind, bilden hierfür ein Indiz. Zimmerleute konnten Innovationen im Schiffbau in anderen Häfen zur Kenntnis nehmen, auf diese Weise ihr Know-how erweitern und dieses auch weiterverbreiten.

Ungeklärt ist noch, inwieweit Schiffe durch einheimische Schiffbauer mit importiertem Holz gebaut wurden bzw. ob sich in den Mündungsgebieten von Weichsel und Düna Schiffbauzentren entwickelten, die den Bedarf von Kaufleuten aus der gesamten Küstenregion deckten. Auf die zweite Möglichkeit deutet der Umstand hin, dass sich in Danzig bereits im 14. Jahrhundert eine Schiffbauindustrie herausgebildet hatte, die nach schriftlichen Belegen auf fremde Rechnung arbeitete. Mit dem Anwachsen einer Konkurrenz durch Holländer und Flamen wurde versucht, den Handel Danzigs mit Schiffen zu unterbinden. Ein erster Versuch findet sich 1412 im Entwurf der hansischen Statuten. Als das Verbot dann 1426 und 1434 erfolgte, zog dies einen Anstieg der Holzexporte aus dem Weichselraum nach sich. Bereits 1441 hob der Hochmeister des Deutschen Ordens das Verbot für Danzig wieder auf. In der nachfolgenden Zeit belieferten Danziger Lastadien sogar Kaufleute aus Genua und Venedig.

Handwerklich am Schiffbau beteiligt waren neben dem Meister Werkleute, Lehrknechte und Hilfspersonal. Verträge über Bauaufträge wurden meist mündlich unter Zeugen geschlossen. Die Beschaffung des benötigten Holzes, in der Regel Eiche oder Kiefer, setzte aufgrund hoher Preise eine Vorauszahlung bzw. Materialstellung durch den Auftraggeber voraus. Fer-

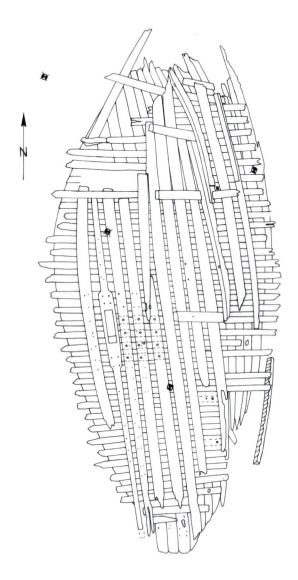

tigungstechnologie und Rumpfform beruhten bei den Schalenbauten mit Klinkerung lange Zeit auf Erfahrungswerten der Zimmerleute. Die Rümpfe wurden im Bauprozess regelrecht modelliert, bevor die späteren Kraweelbauten in Skelettbauweise ab dem 16. Jahrhundert schiffstheoretische Vorplanungen mit Zeichnungen und Modellen erforderten.

Über den Schiffbau hinaus dürften durch das im Umgang mit Holz geübte Personal vermutlich auch andere Arbeiten in den Städten erfolgt sein. Dies würde Ähnlichkeiten in der Anlage von Dachstühlen und Schiffsrümpfen erklären. Die Ausstattung der Schiffszimmerleute war vielfältig, zu ihr gehörten Breitbeile, Dechsel, Beitel, Zieheisen, Hobel, Bohrer, Hämmer und Kalfateisen. Die Zimmerleute genossen einen guten Ruf und schlossen sich, z. B. 1411 in Wismar oder 1466 in Hamburg, zu Bruderschaften zusammen – frühen berufsgenossenschaftlichen Vereinigungen.

Planzeichnung der »Darßer Kogge«

Koggen zieren viele europäische Stadtsiegel, u. a. die von Damme (Belgien, um 1300, l. o.), Danzig (Polen, 13. Jh., r. o.), Lübeck (1256 l. u.) und Wismar (um 1250, r. u.).

Siegeszug der Koggen

Nach eingehender Betrachtung des mittelalterlichen Schiffbaus stellen sich folgende Fragen:

Wie sah die Kogge aus?

Welche spezifischen Merkmale hatte dieser Schiffstyp?

Wurden Koggen in einer bestimmten Bautradition gefertigt?

Und natürlich:

Warum wurde dieser Schiffstyp zum Erfolgsmodell der hansischen Schifffahrt?

Die Bezeichnung Kogge, althochdeutsch *kocko* oder *cogko*, ist dem Altfranzösischen *coque* – gleichbedeutend mit Schiff – entlehnt. Zudem könnte Verwandtschaft zum mittelhochdeutschen *kocke* oder *kucke* bestehen, was so viel wie Kugel bedeutet oder der Herkunft dem Wort *gug* für biegen, krümmen, wölben zugeordnet werden kann.

Wichtige Quellen zum Aussehen dieser Schiffe sind die Siegel verschiedener Hansestädte, die als zentrales Motiv ein Schiff zeigen – ein Symbol, das mit einer ihrer grundlegenden Zielsetzungen, dem Seehandel, in engem Zusammenhang stand. Der jeweilige Rat als Entscheidungsträger entschied bei der Gestaltung für ein repräsentatives, übliches Seefahrzeug. Der Bremer Notarius Woltmann schreibt 1328 zum Lübecker Siegel, dass »*in cuius medio quidam* **cogko** *sive liburna erat sculptus cum malo erecto et duobus viris*«. Und in einer Urkunde aus dem Jahr 1483 ist zum Siegel der Stadt Stralsund vermerkt: »*... unser Stad Sigel ghenomed den* **kogghen** *wylykken latten henghen yn dussen unsen breff ...*«. Verwirrend ist zunächst, dass die Siegel Schiffe mit unterschiedlichem Aussehen darstellen. Detlev Ellmers, der langjährige Direktor des Deutschen Schiffahrtsmuseums in Bremerhaven, fand dafür jedoch eine plausible Erklärung. Entsprechend der unterschiedlichen Datierung der Stadtsiegel (Lübeck 1256, Stralsund 1329) geht er davon aus, dass sich Koggen technisch weiterentwickelten, was sich im äußeren Erscheinungsbild niederschlug und von den Siegelstechern berücksichtigt wurde. Vom Lübecker Siegel ausgehend, erkannte Ellmers starke Parallelen zur »Kollerup-Kogge« von 1150, einem Schiff der westeuropäisch-friesischen Bautradition, das in der Jammerbucht nahe Kap Skagen entdeckt wurde. Das

Stralsunder Siegel verglich er mit dem Fund der »Bremer Kogge« (1380). Er baute dabei auf Paul Heinsius auf, der 1956 über »Das Schiff der hansischen Frühzeit« publiziert und die Merkmale der Kogge oder, wie es entsprechend alter Urkunden heißen müsste, *des Koggen* herausgearbeitet hatte. Aufgrund der schriftlichen Überlieferungen hatte Heinsius die Kogge als »geradkieligen, geradstevigen, hochbordigen Schiffstyp« definiert.

Die nahezu vollständig erhaltene 23 m lange und fast 8 m breite »Bremer Kogge« aus Eichenholz ist heute das zentrale Exponat des Deutschen Schiffahrtsmuseums in Bremerhaven. Die steile Form ihrer Steven sowie der ursprünglich in der vorderen Schiffshälfte positionierte Mast weisen große Übereinstimmung mit bildlichen Darstellungen wie dem Stralsunder Stadtsiegel von 1329 auf. Viele Details zum Aufbau eines spätmittelalterlichen Schiffes wurden an diesem Wrack erstmals festgestellt. So hat die »Bremer Kogge« einen platten Boden mit glatt abschließenden Planken, der an den Schiffsseiten in sich dachziegelartig überlappende Plankengänge, die sogenannte Klinkerung, übergeht.

Die Konstruktionsdetails des Bremer Schiffsfundes galten fortan als die typischen Merkmale einer Kogge. Viele weitere Wracks in dieser Bauweise, die in den Niederlanden und vor der dänischen Küste entdeckt wurden, wurden infolgedessen teilweise irrtümlicherweise als »Kogge« typisiert. Konzentriert auf die Konstruktion übersah man nämlich lange Zeit ein zentrales Merkmal von Koggen: die Ladekapazität. Diese lag im 13. und 14. Jahrhundert zwischen 32 und 150 Lasten, wobei 1 Last mit Bezug auf Roggen zwischen 2,2176 und 2,2982 t entsprach. Demnach betrug die Ladekapazität der Koggen zwischen 70 und 322 t. Der Wrackfund aus der Weser und ähnlich dimensionierte Fahrzeuge waren demnach einst zweifelsfrei Koggen, wenn auch die »Bremer Kogge mit etwa 80 t Fassungsvermögen zu den kleineren Exemplaren gehörte.

Anhand des Stralsunder Siegels von 1329 wurde ein Bremer Wrackfund aus dem Jahr 1962 als Kogge identifiziert.

Als wahre Schatzkammer für die Unterwasserarchäologie und maritime Forschung erwies sich die deutsche Ostseeküste, die mit einem dichten Netz von Hansestädten zu den wichtigsten Einsatzgebieten der hansischen Schifffahrt gehörte. Anhand von drei Wracks soll im Folgenden die Entwicklung der Koggen von ihrer Urform über das Erfolgsmodell bis zu den »Dickschiffen der Hanse« aufgezeigt werden. Die Verschiedenartigkeit im Bau der Koggen zeigt ihre Anpassung an Fahrtgebiet und Transportaufgaben sowie technische Innovation.

Die »Kollerup-Kogge« von 1150

Bei der »Kollerup-Kogge« handelt es sich um einen der frühesten Wrackfunde, der 1978 im Eingangsbereich zur Ostsee in der Jammerbucht bei Kap Skagen entdeckt wurde. Das auf 1150 datierte Fahrzeug war sehr gut erhalten, seine ursprünglichen Ausmaße bestimmten Untersuchungen auf 21 m Länge und 5 m Breite. Die verbauten Eichenhölzer stammten aus dem südlichen Jylland. Die Planken waren tangential aus Stämmen gespalten worden.

Einst konnte das in westeuropäisch-friesischer Bauweise gefertigte Schiff etwa 64,6 t laden und reichte damit bereits an die ab dem 13. Jahrhundert überlieferten Kapazitäten von Koggen heran. Sein

flacher und nur leicht gerundeter Boden bestand neben einer Kielplanke aus sechs kraweel angesetzten Planken, die Beplankung der Seitenwände war in Klinkertechnik aufgebracht. Zweifach umgeschlagene Nägel hielten die Planken fest, Moos, fixiert mit Kalfatleisten und Sinteln, dichtete die Plankennähte ab. Die Spanten waren mit Holznägeln in der Rumpfschale befestigt, Vorder- und Achtersteven steil ausgerichtet. Bemerkenswerterweise reichte die Beplankung über die Steven hinaus und umschloss diese. Umstritten ist, ob die »Kollerup-Kogge« bereits per Heckruder oder noch durch ein Seitenruder gesteuert wurde. Das Schiff hatte kein Kielschwein, vielmehr war die Spur für einen Mast in einer Bodenwrange ausgearbeitet. An Inventar enthielt das Wrack noch Kugeltöpfe, Fragmente von Steinzeuggefäßen, eine Holzschüssel, ein hölzernes Sieb, ein Kerbholz, zwei Ortbänder von Dolchscheiden, einen Hammer, neun Spielsteine, einen Würfel, zwei Schuhe und diverse Tauwerksreste.

Die »Darßer Kogge« von 1313

Die älteste Kogge vor der deutschen Ostseeküste wurde 2004 bei Bauarbeiten an der Yachthafenresidenz Hohe Düne vor Rostock gefunden. Die aus Eiche gebaute Kogge datiert auf 1280, die Herkunft des Baumaterials ist im Warnowbereich zu suchen. Bislang wurden nur wenige Teile geborgen, darunter ein Teil des Kielbalkens mit Ansatz zum Achtersteven sowie einige Planken- und Spantenreste, die vermuten lassen, dass das Schiff in der westeuropäisch-friesischen Bautradition gefertigt und rund 20 m lang war. Da die Überreste der »Rostocker Kogge« überwiegend noch im schützenden Sediment des Yachthafens liegen, soll mit der »Darßer Kogge« ein anderer herausragender Fund dargestellt werden, der von 2000 bis 2004 intensiv untersucht wurde.

Rettungsschwimmer hatten das Wrack bereits 1977 entdeckt, vermuteten hinter den hölzernen Resten richtigerweise eine Kogge und informierten das Schiffahrtsmuseum in Rostock. Leider fand ihre Meldung wenig Beachtung, da wissenschaftliche Untersuchungen in der Ostsee zur Zeit des »Eisernen Vorhanges« nur schwer möglich waren. Detlev Mohr, einer der Entdecker, meldete mir im Jahr 2000 den Fund, woraufhin das Wrack durch ein Grabungsprojekt des damaligen Landesamtes für Bodendenkmalpflege Mecklenburg-Vorpommern untersucht wurde.

Das Fälldatum der in der Konstruktion verwendeten Hölzer konnte dendrochronologisch auf 1298 bis 1313 bestimmt werden. Die Eichen stammten aus dem Weichselbereich im Umfeld von Elbing. Fassdauben der gleichen Provenienz konnten auf die Zeit um/nach 1335 datiert werden. Zwei »an Bord« befindliche Bronzegefäße trugen die Lübecker und die

Greifswalder Stadtmarke. Derartige Kennzeichen wurden seit 1354 in den »Settinghen« der »wendischen« Hansestädte als eine Art Gütesiegel gefordert. In der Summe aller Informationen ließ sich schließen, dass die Kogge mindestens 40 Jahre in Fahrt gewesen war, bevor sie sank. Im Laderaum fanden sich Wetzsteine, Geweihe, Schwefel und Bruchstücke von Dachsteinen. Massen von Fischresten deuteten auf die Hauptladung hin.

Die im Verband vorgefundene Konstruktion der »Darßer Kogge« ist 16,50 m lang und 7,60 m breit. Durch die Abdeckung mit Sediment ist die Steuerbordseite des Wracks mit 19 Plankengängen fast komplett erhalten. An der stark zerstörten Backbordseite lassen sich vier Plankengänge erkennen. Proben ergaben, dass die Planken aus Stämmen gesägt sind. Die ersten vier Gänge bilden einen flachen Boden und sind kraweel aneinander gefügt. Die einzelnen Planken sind hier 45 bis 50 cm breit. Der 5. bis 18. Gang ist geklinkert ausgeführt, wobei sich 30 cm breite Planken in den Längsseiten überlappen. Gang 18 und 19 sind dann zum Schanzkleid hin wieder kraweel mit den Auflangern verbunden. Die Planken haben eine Stärke von 3,5 cm und sind innerhalb der jeweiligen Gänge mit Laschungen verbunden.

Die Kalfaterung bestand im Bereich des flachen Schiffsbodens aus Tierhaaren. In den Klinkerverbänden fand Moos Verwendung, abgedeckt mit dünnen Leisten aus Eichenholz, über die im Abstand von

10 cm eiserne Klammern (Sinteln) geschlagen wurden. Die Verbindung zwischen den sich überlappenden Klinkerplanken bestand aus eisernen Nägeln im Abstand von 8 bis 12 cm. Die Spitzen wurden von der Innenseite des Rumpfes zweifach umgebogen und dann wieder in die Planke eingeschlagen.

Der Kiel des Wracks hat eine Breite von etwa 30 cm und eine Stärke von 10 cm. An die Kielplanke ist der Vordersteven angelascht, in den eine Sponung zur Befestigung der ersten vier Plankengänge eingearbeitet ist. Alle folgenden Gänge laufen über den Steven hinaus und umschließen ihn. Wahrscheinlich ist angesichts dieser Konstruktion und vorhandener Bolzenspuren, dass noch ein Außensteven vorgesetzt war. Der innere Steven wurde mit hölzernen Bugbändern verstärkt, von denen sich vier erhalten haben.

Im Bereich des Achterschiffs ist die Konstruktion stärker zerstört, doch konnten hier neben dem Wrack der Achtersteven und weitere verlagerte Teile gefunden werden, die vermutlich zur Konstruktion des Achterkastells gehören. Der Achtersteven ist annähernd komplett mit einer Länge von 6,33 m erhalten. Für die ersten vier Plankengänge sind treppenförmige Aussparungen in den Balken eingearbeitet, während die anderen Gänge in einer linearen Sponung in den Steven einlaufen. 34 Spanten, die man über Eichenholznägel mit einem Durchmesser von etwa 3,5 cm in die Rumpfschale einfügte, verstärkten einst den Schiffskörper. Die jeweils 15 bis 20 cm voneinander

entfernten Spanten bestehen aus Bodenwrangen und Auflangern, die über einfache Laschungen miteinander verbunden wurden. Die ersten fünf Bodenwrangen sind aus V-förmigen Krummhölzern gefertigt, die man durch einen von der Back- zur Steuerbordseite verlaufenden Auflanger stabilisierte. Dadurch entstand ein kleiner Frachtraum – hier fanden sich Teile der einstigen Ladung. Leisten deuten zudem darauf hin, dass mit Stoff ein kleiner Raum abgetrennt wurde – vermutlich ein Schlafplatz für Besatzungsmitglieder.

Das an der fünften Bodenwrange beginnende Kielschwein hat eine Länge von 10,60 m. In seiner Verdickung sind die Mastspur mit einer Länge von 70 und einer Breite von 30 cm trogförmig ausgearbeitet. Hier wurde der Mast eingezapft, der über einen Absatz im Kielschwein zusätzlich verkeilt war. Von der Außenseite des Kielschweins im Bereich der Mastspur wurden Versteifungen angebracht, um die beim Segeln entstehenden Kräfte aufnehmen zu können.

Steuerbordseitig ist der Schiffsinnenraum partiell mit sechs etwa 40 cm breiten Wegerungsplanken ausgekleidet, die durch Holz- und Eisennägel mit den Spanten verbunden sind. Backbords kann eine identische Konstruktion angenommen werden. Zwischen den Wegerungsplanken waren Stangen aus Kiefernholz eingelegt, zudem fand sich hier eine Flechtmatte aus Weidenzweigen. Dies sollte die Innenseite des Schiffsrumpfes vor Beschädigung durch Ballaststeine schützen. Neben dem Kielschwein lagerte eine 4,30 m lange

Das **Kielschwein** über den Bodenwrangen verleiht dem Schiffsrumpf mehr Längsstabilität und dient den Spanten und Bodenwrangen als Anbindung. Es bildet das innenliegende Gegenstück zum Kiel.

Im Laderaum konnte eine über 4 m lange Laufplanke oder »Gangway« freigelegt werden.

Im Bereich des Achterschiffs lagen sehr hochwertige Gefäße, wie dieser dreibeinige Kochtopf, ein sogenannter Grapen.

Laufplanke mit einer ausgearbeiteten Öse zur sicheren Befestigung dieser frühen »Gangway«. Außen- und Innenseite im Vor- und Achterschiff verfügten über einen Pechanstrich, der Innenraum der Kogge war durch kontrolliertes Verkohlen der Wegerungsplanken konserviert.

Den Wegerungsplanken schließen sich in der aufgehenden Schiffskonstruktion unter- und oberhalb der Querbalken drei Stringer an, die der Längsstabilität und der Befestigung des Decks gedient haben. Die drei erhaltenen Querbalken mit einem Querschnitt von 35 x 35 cm durchstoßen im Bereich des 12. und 13. Plankengangs den Rumpf. Von der Oberseite erfolgte eine zusätzliche Fixierung mit knieförmigen Krummhölzern. Die Knie wurden durch 4,5 cm starke Holznägel mit den Querbalken verbunden. Diese Konstruktion garantierte ein hohes Maß an Querstabilität. Im Wrack bzw. in seiner Nähe fanden sich weitere Querbalken und Knie aus der Backbordseite, die mit der Zeit aus dem Rumpf herausgebrochen waren.

Neben dem Wrack waren auch einige Decksbalken auszumachen, die bei einem Querschnitt von 18 x 16 cm eine beidseitige Sponung zur Aufnahme der Decksplanken aufwiesen. Sie wurden längs zum Schiffskörper auf den Knien befestigt. An der Steuerbordseite sorgten ein kreisrunder und ein quadratischer Durchbruch im Rumpf als Speigatten zur Ableitung des Wassers vom Deck. An verschiedenen Stellen des Rumpfes waren Reparaturen mit Pfropfen oder aufgesetzten Brettern feststellbar. Insgesamt ergeben sich in der Konstruktion zahlreiche Parallelen zur »Bremer Kogge« von 1380.

Im Bereich des Achterschiffes wurden fünf dreibeinige Töpfe und eine Kanne aus Bronze gefunden, Hinweise auf eine Kochgelegenheit. Ebenfalls im Achterschiff fanden sich eine Feldflasche und eine Hansekanne aus Zinn, gekennzeichnet mit den Marken von zwei verschiedenen Eigentümern, die auf höhergestellte Mitglieder der Besatzung hindeuten. Die ursprüngliche Mindestgröße der einmastigen Kogge betrug 21 m Länge und 7 m Breite, ihre Ladekapazität also etwa 70 bis 85 t. Mittschiffs zeigt das Wrack eine starke Verformung. In diesem Bereich sind einige Außen- und Wegerungsplanken sowie Spanten gebrochen. Es kann vermutet werden, dass die Kogge strandete oder auf eine Untiefe auflief, sich den Schiffsboden aufriss, wieder freikam und dann versank.

Die Herkunft des Holzes spricht dafür, dass das einstige Schiff aus der Weichselregion stammte. Die Rumpfform und die Details der Konstruktion zeigen eine Bauweise, die ihre Tradition im Bereich der friesischen Nordseeküste hat. Dies belegt, dass mit der deutschen Ostsiedlung und der Gründung von Hansestädten ein Technologietransfer dieser Bautradition stattfand. Ein weiteres Zeugnis dafür bietet die Schiffsdarstellung auf dem Elbinger Stadtsiegel von 1350, dessen Aussehen dem Wrackfund vom Darß entspricht.

Die Bauhölzer des Darßer Wracks stammen aus der Weichselregion um Elbing, und der Fund weist zahlreiche Parallelen zum Elbinger Stadtsiegel aus der Zeit um 1350 auf.

Die »Poeler Kogge« von 1369

Ein 1999/2000 an der Westküste Poels bei Timmendorf geborgenes Wrack sowie das 1997 an der Südwestküste von Hiddensee geborgene Gellenwrack waren ebenfalls Koggen. Die Form der Schiffe von Poel (gebaut um 1369, Ladekapazität ca. 230 t) und vom

Zeichnung eines erhalten gebliebenen Teils des Achterstevens mit Ruderhacke (Poeler Wrack)

Gellen (gebaut um 1378, Ladekapazität ca. 150 t) weist große Ähnlichkeit zum Stralsunder Stadtsiegel auf. Allerdings wichen beide von der westeuropäisch-friesischen Bautradition ab. Durch die Nutzung von Elementen der nordischen Klinkerbautradition versuchten die Schiffszimmerleute Fahrteigenschaften zu verbessern und die mögliche Zuladung zu erhöhen. Beide Wracks weisen in Material und Konstruktion große Parallelen auf. Aufgrund ihres besseren Erhaltungszustandes wird hier auf die »Poeler Kogge« eingegangen.

Ihr Rumpf war von den Resten der Kielkonstruktion über die Bodenwrangen und Planken des Schiffsbodens bis zu den Auflangern der Kimmung erhalten. Im Umfeld des Wracks konnten ferner ein Teil des Achterstevens mit der eisernen Bänderung zur Aufnahme des Heckruders sowie ein Fragment der Bordwand oberhalb der Wasserlinie gefunden werden.

Das einstige Schiff bestand komplett aus Kiefer. Während die Hölzer für die Spanten und Holznägel vor bzw. um 1369 im Bereich der südwestlichen Ostseeküste geschlagen worden waren, stammten die Stämme für die Beplankung von einem anderen, noch unbestimmten Standort.

Der Kiel als der unterste Mittellängsverband bildete im Verbund mit Vor- und Achtersteven das Rückgrat

Teile der Kielkonstruktion und Klinkerbeplankung des Poeler Wracks nach Abnahme der Spanten

des Schiffes. Durch die Havarie, die zum Sinken der Kogge führte, wurde diese Konstruktion beschädigt, wobei Kielbalken und Kielschwein verloren gingen. Für Rückschlüsse auf die Dimension und Beschaffenheit der Kiel- und Stevenkonstruktion ist deshalb der erhaltene Überrest des Achterstevens wertvoll, der untere Teil des vermutlich einteiligen, massiven Balkens. Das Fragment besitzt eine Höhe von 1,5 m, eine Breite von 30 cm und eine Tiefe von 60 cm. Am Steven befindet sich die gut erhaltene eiserne Ruderhacke, ein gabelförmiger Beschlag mit Öse, der ehemals zur Aufnahme des unteren Ruderzapfens (Fingerlings) diente. Die eisernen Schenkel der Ruderhacke waren an der Steuer- und Backbordseite des Kiels befestigt sowie durch Eisennägel mit dem ersten Plankengang

V-förmiger Spant aus dem Achterschiff nach der Bergung

verbunden. Der Achtersteven belegt nicht nur die Existenz eines Heckruders, sondern liefert auch Informationen zur Beschaffenheit des Kiels, denn er war nachweislich mittels eines Zapfens in den Kielbalken eingesetzt. Außerdem dürfte der Steven durch ein höl-zernes Winkelstück, das sogenannte Stevenknie, mit dem Kiel verbunden gewesen sein, worauf zwei Löcher hindeuten, in denen Eisenbolzen einer derartigen Verbindung saßen.

Der Winkel des Achterstevens zum Kiel betrug etwa 100°. Geht man davon aus, dass Kielbalken und Achtersteven an ihren Seiten glatt abschlossen, betrug die Breite von Kiel und Steven am hinteren Schiffsende 30,5 cm. Der Achtersteven lässt auch erkennen, wie die ersten sechs Plankengänge eingearbeitet waren. Entsprechend des Verlaufs der Klinkerung fanden sich sechs Plankentaschen in treppenförmiger Überlappung. Die Verbindung von Planken und Steven erfolgte mit eisernen Nägeln. Weitere Aufschlüsse zur Kielkonstruktion liefert der Verlauf des ersten Plankenganges, der fast senkrecht in die beidseitige Sponung des Kiels gesetzt war. Dadurch ragte einerseits der Kielbalken aus dem sonst sehr flach gebauten Schiffsrumpf heraus, andererseits vergrößerte sich durch diese Maßnahme die Lateralfläche. Um den Kielbalken organisch mit den relativ geraden Spanten zu verbinden, bediente man sich vier schmaler Balken, die in Längsrichtung auf die Seitenkanten des Kielbalkens aufgelegt wurden. Sogenannte Tothölzer füllten den Zwischenraum zwischen dem Kiel und der Aussparung in den Bodenwrangen, eine weitere Auflagefläche stabilisierte den ersten Plankengang. Über dem Kiel und zwischen den Planken des ersten Ganges entstand so ein 15 bis 20 cm breiter Kanal, in dem das Bilgenwasser zirkulieren konnte. Während der erste Plankengang durch Eisennägel mit dem Kiel verbunden war, erfolgte die Verbindung der Bodenwrangen mit dem ersten Plankengang durch Holznägel. Dabei wurden die Tothölzer einbezogen und durch die Holznägel in die Konstruktion integriert.

Die Breite des Kielbalkens im Mittschiffsbereich lässt sich auf 45 cm und an den Stevenenden auf 30 cm bestimmen. Somit ragte der Kielbalken mit den ersten Plankengängen etwa 40 cm aus dem sonst flachen geklinkerten Schiffsboden, was die Segeleigenschaften erheblich verbessert haben dürfte.

Ausgehend von der Kiel- und Stevenkonstruktion wurde die Rumpfschale aus den Klinkerplanken aufgebaut.

Die Außenbeplankung war mit in den Längsseiten überlappenden Planken komplett in Klinkertechnik ausgeführt. Die tangential aus Stämmen gespaltenen Planken haben eine Länge von 3,10 bis 10,50 m bei ca. 33,5 cm Breite und etwa 7 cm Tiefe. Die durchschnittliche Länge von etwa 7 m erforderte gerade gewachsene und vor allem möglichst astreine Stämme. Bei der Formung der Rumpfschale folgte der Baumeister einem streng symmetrischen Muster. Bedingt durch das tangentiale Spaltverfahren wurden die Planken zuerst an der Steuerbordseite und dann backbord auf derselben Position angesetzt. Bei der

Klinkerung überlappen sich die Planken in ihren Längsstößen (der Lanning) um 5 bis 7 cm. An den Verbindungsflächen wurde eine Schräge (die sogenannte Schmiege) abgearbeitet, die aufgrund der Krümmung im Bereich der Kimmung etwas stärker war. Auf der Innenseite der Planke wurde im Bereich der Schmiege eine 0,5 bis 1 cm tiefe und 1 bis 1,5 cm breite Nut zur Aufnahme des Kalfatstrangs ausgearbeitet, der dort schon beim Bau eingelegt und vermutlich mit Pech fixiert wurde. Spätere, durch die Trocknung der Planken bedingte Nachdichtungen erfolgten mit dem Kalfateisen von der Rumpfinnenseite. Verbunden waren die Planken durch zweifach umgeschlagene Eisennägel mit rechteckigem Kopf und Querschnitt. Die Rumpfschale wurde beim Bau partiell durch dünne Versteifungsbretter verstärkt, die parallel zur Klinkerung auf den Planken fixiert wurden. Es ist zu vermuten, dass jene Bretter, die sich in größerer Zahl im Vor- und Achterschiff fanden, die Längsstabilität der Kogge erhöhen sollten.

Die Rumpfschale war mit Spanten ausgesteift, von denen sich viele noch in ihrer ursprünglichen Position befanden und Rückschlüsse auf die Querstabilität des Fahrzeugs lieferten. Bei den Tauchuntersuchungen fiel der extrem enge Spantenabstand auf, der im Durchschnitt bei 40 cm lag. Die Spanten bestanden aus verschiedenen Bauteilen, den Bodenwrangen zur Versteifung des Schiffsbodens und den Auflangern zur Stabilisierung der Seitenwände. Die aus relativ gerade

Als **Beplankung** werden hier auch jene Hölzer verstanden, aus denen die Rumpfschale zusammengefügt war und die als Wegerung zur Auskleidung des Schiffsinnenraumes dienten.

Zur Erhöhung der Querstabilität wurden die Spanten mit einem sehr geringen Abstand in die Rumpfschale eingesetzt. Eine Wegerung war nicht vorhanden.

gewachsenen Stämmen gefertigten Bodenwrangen waren über die Tothölzer der Kielkonstruktion verlaufend in die Bodenschale des Rumpfes eingesetzt. Bei einem Teil der Bodenwrangen bestand zum Wurzelansatz hin eine natürliche Krümmung, die die Wölbung des Rumpfes (Kimmung) mit einschloss. Über dem Kiel wurde eine Aussparung zur Aufnahme von zwei länglichen Füllstücken, den erwähnten Tothölzern, ausgearbeitet. Die Verbindung zu den Auflangern erfolgte über horizontal verlaufende Schräglaschen. Innerhalb der Laschen wurden die Spantenteile partiell mit Eisennägeln geheftet, bevor sie durch das Einschlagen von ein bis drei Holznägeln untereinander und mit dem Rumpf verbunden wurden.

Zwischen den Planken der Rumpfschale und den Spanten blieben nur kleine Zwischenräume, weil die Ausklinkungen für die Spantenteile exakt angepasst waren. Verbleibende Unebenheiten glich ein sehr dicker Pechanstrich aus. Die zunächst durch Eisennägel in Position gebrachten Spanten wurden anschließend durch 25 bis 30 cm und 4 cm dicke, zylindrische Kiefernholznägel mit der Rumpfschale verbunden. Die Holznägel schlugen die Schiffbauer in Löcher, die sie zuvor mit Löffelbohrern in den Spant und in die Planke eingebracht hatten. Teilweise hatten sie die Ansatzpunkte der Bohrung dadurch vorbereitet, dass mit dem Beil kleine Dreieckskerben in den Spant eingeschlagen waren. Nach dem Einschlagen wurden die Nägel von der Außenseite des Schiffsrumpfes mittig mit einen viereckigen Holzstift (Deutel) und von der Innenseite mit einem durchgehenden Keil aufgespalten, wodurch eine feste Verbindung zwischen Planke und Spant entstand. Jeder Plankengang wurde durch einen Holznagel mit der jeweiligen Ausklinkung des Spantes verbunden. Eine Ausnahme bilden nur die Plankenstöße. Dort wurden die durch die Ausklinkungen entstandenen Auflageflächen der Spanten benutzt, um diese zur Abdichtung über die Plankenstöße zu setzen. In diesen Bereichen war der Zwischenraum besonders gründlich mit Pech bzw. mit gefilzten Kalfatmatten aus Tierhaar abgedichtet. Um die Verbindung nicht durch Nagellöcher zu destabilisieren, wurde an den Stößen auf ein Einsetzen von Holznägeln verzichtet.

Im 14. Jahrhundert nahmen die Koggen deutlich an Größe zu. Vergleich der Rumpfquerschnitte der »Darßer« und der »Poeler Kogge«

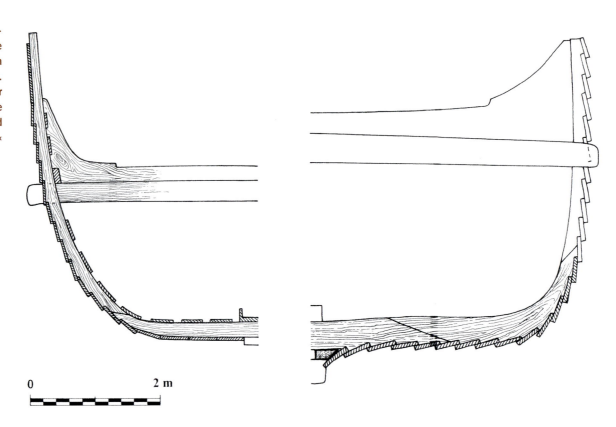

Beim Vorbereiten der Spanten markierte man die Position der Stöße kreuzförmig, um dort die Bohrungen auszulassen.

Erstaunlicherweise fand sich keine direkte Verbindung zwischen Bodenwrangen und Kiel bzw. Kielschwein. Lediglich die zwischen Kiel und Spanten liegenden Tothölzer waren in die Verbindung der Holznägel einbezogen, indem diese in einem steilen Winkel die Bodenwrange, das jeweilige Totholz und dann den ersten Plankengang erfassten. Ähnliches ließ sich beim Gellenwrack feststellen.

Auf den Spanten konnten direkt über dem Kiel Abdrücke von einem Kielschwein festgestellt werden, das beim Untergang verlorenging. Es war einst in Längsrichtung mit dem Kielbalken verbunden, etwa 9 m lang und hatte aller Wahrscheinlichkeit nach eine Aussparung für den Mast. An den Spanten fanden sich keinerlei Nagelspuren einer Verbindung zu Kiel und Kielschwein, sodass ihre Befestigung wohl durch die geringen Spantenabstände gewährleistet wurde.

Während der Untersuchungen konnten keine Spuren von Wegerungsplanken festgestellt werden. Auch die Begutachtung der Spanteninnenseiten zeigte keine Hinweise auf Eisen- oder Holznägel. Vielleicht war aufgrund des geringen Spantenabstandes keine Wegerung erforderlich, da große Handelsgüter, wie Stammholz, Fässer oder Steine problemlos direkt auf den Spanten verstaut werden konnten. Eine weitere Möglichkeit besteht darin, dass je nach Bedarf eine lose Wegerung (Garnier) in den Schiffsinnenraum eingelegt wurde, die dem sicheren Verstauen kleinerer Warenarten und dem Schutz der Ladung vor Schwitz- und Bilgenwasser diente.

Durch Analyse des Seegrundes mit den Tiefenverhältnissen und durch Tauchuntersuchungen konnte der Havarieverlauf der »Poeler Kogge« rekonstruiert werden. Auf dem Weg in den Wismarer Hafen nutzten Schiffe mit einem Tiefgang von über 2 m die nachfolgend beschriebenen Routen. Die westliche Ansteuerung führte durch das Offentief zwischen den Untiefen Lieps im Westen und Hannibal, ursprünglich als Hanenbarg bezeichnet, im Osten. Vom Offentief gelangte man in das Krakentief und musste mit dem westlich gelegenen Schweinsköthel und Sechsergrund und der im Osten der Bucht befindlichen Platte und dem Mittelgrund weitere Untiefen passieren, um von der Eggers Wiek zur Fahrrinne ans Ziel zu gelangen. Bei der nordöstlichen Ansteuerung mussten die Schiffe das große Tief vorbei an den Untiefen Hannibal im Westen sowie dem Wustrow-Riff und dem Jäckelberg im Osten passieren. Über das Flaggtief wurde die vor Poel liegende Platte umfahren, bevor man ins Krakentief kam und den Seeweg nach Wismar fortsetzen konnte. Erschwerend wirkten sich die eingeschränkte Manövrierfähigkeit großer Segelfahrzeuge und die zum Teil erheblichen Wasserstandsschwankungen in der Wismarbucht aus. Die Einfahrt setzte eine gute Revierkenntnis voraus.

Die »Poeler Kogge« nutzte vermutlich den nordöstlichen Seeweg und lief auf der südöstlichen Seite der als »Platte« bezeichneten Untiefe auf. Das Bergungsteam fand in diesem Bereich zwei große Haufen mit Ballaststeinen, die mit hoher Wahrscheinlichkeit von dem gestrandeten Schiff ins Wasser geworfen wurden, um es soweit zu leichtern, dass es wieder freikam. Das Gesamtgewicht der Steine konnte auf 130 t bestimmt werden. Die Kogge hätte mit dieser Ballastmenge ein optimales Segelverhalten und einen Tiefgang von etwa 2,5 m besessen. Das Leichtern des Schiffes hatte Erfolg. Vermutlich war die Kielkonstruktion aber schwer beschädigt und ließ Wasser ins Schiff, sodass das

Fahrzeug noch etwa 1 km in südöstlicher Richtung trieb, um dann endgültig an der Westküste der Insel Poel zu stranden.

Vom Leuchtfeuer auf der Insel Lieps und dem seit etwa 1210 bestehenden Ort Timmendorf auf Poel wurde das Ende der Kogge mit größter Sicherheit beobachtet. Ebenso ist davon auszugehen, dass die Küstenbewohner an der Bergung erreichbarer Ladungsgüter und Schiffsteile beteiligt waren. Verklemmt zwischen den Hölzern des Wracks konnte ein Beil entdeckt werden, das vermutlich beim Abwracken verlorenging. So ist es wenig verwunderlich, dass nach der Entdeckung der »Poeler Kogge« nur wenige Teile des ursprünglichen Inventars geborgen wurden. Lediglich zwischen den Spanten fanden sich noch in großer Zahl Holzspäne und Rindenreste, bei denen es sich neben Werkabfällen vom Bau des Schiffes um Ladungsreste handeln könnte. Die Analyse von über 200 Hölzern ergab einen hohen Anteil an Kiefer, gefolgt von Buche und Eiche. Möglicherweise diente die »Poeler Kogge« als Holztransporter. Dem sicheren Verstauen der Ladung dienten Buchenkeile, von denen drei zwischen den Spanten entdeckt wurden. Die Verwendung derartiger Keile, sogenannter cuings, ist auch über eine Urkunde aus dem Jahr 1375 nachgewiesen. Einer von ihnen konnte auf das Fälldatum 1368 bestimmt werden. Da solche Keile meist nur kurz im Gebrauch waren, ist dies ein Indiz dafür, dass die Kogge vermutlich kurz nach ihrer Erbauung ver-

sank. Darauf deutet auch der teilweise kantenscharfe Zustand der Wrackhölzer hin.

Zusammenfassend kann festgestellt werden, dass die Kogge ein geradkieliger, geradsteviger, hochbordiger und einmastiger Schiffstyp mit Rahsegel war, der über ein relativ spitz ausgeführtes Vor- und Achterschiff verfügte. Es handelte sich um ein hochseefähiges Fahrzeug mit einer Ladekapazität zwischen 70 und 322 t. Entsprechend ihres Herkunftsgebietes im Mündungsbereich der Flüsse Weser, Rhein und Schelde wurden Koggen ursprünglich als Schalenbau in der westeuropäisch-friesischen Bautradition gefertigt. Ihr flacher, kraweel gebauter Boden verfügte nur über eine wenig aus der Konstruktion herausragende Kielplanke, die über Laschen mit dem steilen Vor- und Achtersteven verbunden war. Beim Schiffskörper mit einem fast rechteckigen Querschnitt waren die Seitenwände in Klinkerbauweise ausgeführt, wobei die Plankenverbindungen mit zweifach umgeschlagenen Nägeln hergestellt wurden. Plankennähte wurden meist mit Torfmoos abgedichtet, das von der Innenseite mit Kalfatleisten fixiert wurde, die über eiserne Klammern, den Sinteln, gehalten wurden.

Vom 12. zum 13. Jahrhundert wandelten sich Koggen von flachen ungedeckten Fahrzeugen zu hochbordigen Schiffen mit kastellartigen Decksaufbauten und einem Heckruder. Der Schiffskörper wurde mit Spanten und Stringern ausgesteift, wobei ein wichtiges Merkmal der Koggen die Querbalken waren, die zur

Unterstützung der Querstabilität eingebracht und sichtbar durch die Rumpfschale geführt wurden. Die an der Außenseite des Rumpfes sichtbaren Balkenköpfe brachten der Kogge auch die Bezeichnung »großes durchbalktes Schiff«, »magna navis trabeata« oder »doerbalct scep« ein. Auf den Querbalken sitzende knieförmige Balken wurden mit der Schanz verbunden und trugen das Deck. Koggen verfügten trotz ihres relativ plumpen Aussehens und mäßiger Segeleigenschaften über eine gute Stabilität und eine hohe Ladekapazität, weshalb sie sich zum bevorzugten Schiff der hansischen Fernhändler entwickelten.

Der »Siegeszug« der Koggen setzte bereits im 12. Jahrhundert ein, Wrackfunde von frühen Koggen wurden bereits alle in der Ostseeregion gefertigt. Im 13. und 14. Jahrhundert wurden die Koggen mit annähernd identischen Merkmalen im Bereich der Nord- und Ostsee gebaut. Mit dem konjunkturellen Aufschwung der Hanse im ausgehenden 14. Jahrhundert entstand ein erhöhter Bedarf an Schiffsraum, der zu technischen Neuerungen führte. Unter weitgehender Beibehaltung der Morphologie erlaubte eine Verbindung der Merkmale der westeuropäisch-friesischen mit der nordischen Klinkerbautradition den Bau größerer Seeschiffe. Da jedoch auch der Klinkerbau an Grenzen stieß, setzte sich ab dem 15. Jahrhundert der Kraweelbau mit der Skelettbauweise durch, der die Form der Kogge jedoch mit verschiedenen plattbodigen, kraweel gebauten Schiffen aufgriff.

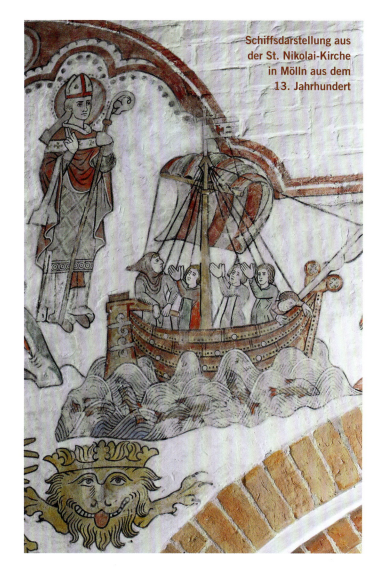

Schiffsdarstellung aus der St. Nikolai-Kirche in Mölln aus dem 13. Jahrhundert

»Ebersdorfer Modell« aus der Zeit um 1400

Aufgrund der historisch überlieferten Merkmale ist davon auszugehen, dass der mittelalterliche Kaufmann, Schiffbauer oder Seemann sein Schiff nicht nach Nagelverbindungen, Art der Kalfaterung, Beschaffenheit des Unterwasserschiff usw. klassifizierte, sondern sich dabei auf die Größe und das stark vereinfachte Aussehen beschränkte. Da die spätmittelalterlichen Schiffsdarstellungen in der Regel mehr oder minder starke Stilisierungen aufweisen und technische Details erheblich vereinfachen, sind für einen Vergleich auch die an den Wrackfunden ermittelten Informationen auf die wesentlichen Merkmale zu reduzieren: Die gefundenen Wracks waren einst einmastige, geradkielige, hochbordige, doppelspitze Fahrzeuge mit zwei steilen Steven, wobei der Achtersteven das Heckruder trug. Der Vordersteven war in der westeuopäisch-friesischen Bautradition steil ausgerichtet und wies bei den Koggen mit durchgängig geklinkertem Rumpf meist eine leicht konvexe Form auf. Als weitere Charakteristika können die mit dem getreppten Plankenverlauf sichtbare Klinkerung und ein relativ eckiges Querprofil angesehen werden.

Mit diesem Merkmal stimmt eine größere Anzahl von Schiffsdarstellungen aus dem südlichen Ostseeküstengebiet überein. Von großer Detailtreue sind dabei die Wandmalerei aus der Kirche St. Nikolai in Mölln, das bereits erwähnte Stralsunder Koggensiegel, das zweite Stadtsiegel von Wismar, die Wandmalereien in den Bögen der Schifferkapelle von St. Nikolai in Wismar sowie die Bildtafel vom Dreikönigsaltar aus der Johanniskirche in Rostock. In der Form von Rumpf und Steven zeigt eine Steinritzung in Außenwand der Kirche von Fide auf Gotland große Ähnlichkeit zur »Poeler Kogge«.

Alle Darstellungen zeigen auf ihre wesentlichen Merkmale reduziert hochbordig-geradkielige Schiffe mit einem Mast, der teilweise ein Rahsegel trägt. Die Variation der Mastposition vom vorderen Drittel über die Schiffsmitte bis kurz vor dem hinteren Drittel dürfte vornehmlich dem Inhalt oder dem Format des Bildes geschuldet sein. Gleich ist allen der steil aufgerichtete Achtersteven mit dem Heckruder und der gerade bzw. leicht konvex geschwungene Vordersteven. Die dargestellten Fahrzeuge sind von doppelspitzer Form, mit geklinkertem Rumpf und lassen durch die perspektivische Darstellung ein eckiges Querprofil vermuten. Die Siegeldarstellungen von Stralsund von 1329 und von Elbing von 1350 geben ein organisch mit dem Schiff verbundenes Achterkastell zu erkennen, wie es auch bei der »Bremer Kogge« nachgewiesen wurde. Auf den Darstellungen von Danzig (zweite Hälfte des 13. Jahrhunderts), Damme (um 1300) und Elbing (1350), sind auch Vorderkastelle abgebildet, deren Nachweis in Wrackfunden bislang noch nicht gelungen ist. Da Vorderkastelle die Sicht des Schiffsführers vom Achterkastell einschränken, kann vermutet werden, dass diese möglicherweise abnehmbar montiert und nur als Kampfplattform für Kriegseinsätze genutzt wurden.

Ein hervorragendes Vergleichsstück ist ein Schiffsmodell aus der Wende vom 14. zum 15. Jahrhundert in der Stiftskirche von Ebersdorf bei Chemnitz in Sachsen. Das äußerst detailgetreue, 1,15 m lange und 51,5 cm breite Modell ist in seinem Quellenwert den Wrackfunden ähnlich und weist große Übereinstimmung mit der »Poeler Kogge« und dem Gellenwrack auf. Das Modell ist geradkielig, hochbordig und doppelspitz. Aus dem flachen Rumpf ragt ein Balkenkiel. Von diesem ausgehend ist der gesamte Rumpf ge-

klinkert. Der Übergang vom flachen Boden zu den Seitenwänden erfolgt über eine harte, fast rechtwinklige Kimmung. Die Seitenwände bestehen aus jeweils zehn Plankengängen, die mit zweifach umgeschlagenen Nägeln untereinander verbunden sind. Der in den Kiel eingezapfte Achtersteven des Modells weist eine gerade steile Ausrichtung auf, während der Vordersteven eine leicht konvexe Form hat. Hölzer im Achterschiffsbereich deuten auf einen ursprünglich vorhandenen kastellartigen Aufbau hin. Neben Spantenteilen im Vorschiff sind auch drei die Bordwand durchstoßende Querbalken vorhanden. Die Außenseite des Rumpfes weist die Reste eines rotbraunen und die Innenseite einen teerartigen Anstrich auf. Die Lage von Ebersdorf lässt vermuten, dass dieses Modell von einem versierten Schiff- und Modellbauer an der südwestlichen Ostseeküste gefertigt wurde, bevor es nach Sachsen gelangte. Erklären lässt sich dies dadurch, dass Sachsens Erzförderung enge Handelskontakte zu den nördlichen Hansestädten begründete.

Die vergleichende Betrachtung von Wrackfunden, Schriftstücken und Darstellungen gibt eine Vorstellung davon, welche Merkmale ein Schiff in der Sprache mittelalterlicher Schiffszimmerer, Seemänner oder Kaufleute zur Kogge machten. Der Quellenvergleich zeigt aber auch, dass bei den Koggen in Größe und Konstruktion zahlreiche Variationen auftraten, die auf lokale Besonderheiten und technische Innovationen zurückgingen.

Segel der »Wissemara«, einem Nachbau der »Poeler Kogge« von 1369

Experimentelle Archäologie – der Bau der »Wissemara«

Trotz der Heranziehung aller verfügbaren Quellen zum Schiffbau und zur Schifffahrt der Hanse bleiben Fragen offen:

Wie ließ sich der Bau einer Kogge mit den im Mittelalter bekannten Technologien realisieren? Welcher Materialbedarf musste gedeckt werden? In welcher Zeit und mit wieviel Personal konnte ein großes Schiff fertiggestellt werden?

Ebenso ungeklärt bleiben Gesichtspunkte aus dem Schiffsbetrieb: In welcher Zeit konnte eine Kogge bei bestimmten Windverhältnissen eine bestimmte Distanz zurücklegen? Wie waren die Segeleigenschaften? Mit welchem Kraftaufwand musste das Ruder bedient werden? Welche Besatzungsstärke war erforderlich? Wie waren die Lebensverhältnisse an Bord?

Derartige Fragestellungen können durch den Nachbau von Schiffen erforscht werden. Mittlerweile gibt es eine ganze Flotte von Koggen und anderen Schiffsformen aus der Hansezeit. Von einigen Wrackfunden der westeuropäisch-friesischen Bautradition gibt es sehr detailgetreu ausgeführte Repliken, die der maritimen Forschung schon viele wichtige Informationen lieferten. Beispiele sind die »Kieler Kogge« als Replik der »Bremer Kogge« von 1380, die »Kampener Kogge« als Nachbau des niederländischen »Wrackfundes OZ 36« (1340), der in der Nähe von Nijkerk geborgen wurde, sowie die »Malmö-Kogge«, eine Replik der in Südschweden entdeckten »Skanörs-Kogge« von 1390. Von der Konstruktion her entsprechen diese Funde einer Bautradition und trotz kleiner Detailunterschiede einer einheitlichen Form. Über die Ergebnisse dieser experimentalarchäologischen Projekte liegen verschiedene Veröffentlichungen vor.

Mit den Wracks von Poel und vom Gellen wurden zwei Koggen entdeckt, deren Konstruktion mit einer durchgängigen Klinkerung und einem starken Kielbalken Elemente der westeuropäisch-friesischen und der nordischen Klinkerbau-Tradition kombinierte. Die Rumpfschale der »Poeler Kogge« wurde vor dem Beginn der Konservierung umfassend dokumentiert. Jedes Teil der Schiffskonstruktion wurde mit seinen Dimensionen und Details, wie Nagellöchern und Bearbeitungsspuren in Zeichnungen im Maßstab 1:1 erfasst. Diese wurden digitalisiert und bildeten die Grundlage für ein Rekonstruktionsmodell des Rumpfes im Maßstab 1:10. Die Rumpfform konnte durch das

Ausstraken vorhandener Plankengänge ergänzt werden, Spanten wurden nach vorhandenen Nagellöchern in den Planken gesetzt und die Rekonstruktion von Deck, Achterkastell und Rigg erfolgte nach Vergleichen mit anderen Wrackfunden und aufgrund von Informationen aus schriftlichen und bildlichen Quellen.

Der Nachbau der »Poeler Kogge« als »Wissemara« vollzog sich unter großer Unterstützung durch einen 2000 gegründeten Förderverein, die Hansestadt Wismar und zahlreiche Wismarer Wirtschaftsunternehmen. Die Agentur für Arbeit vermittelte im Rahmen verschiedenartiger Beschäftigungsmaßnahmen das erforderliche Personal.

Ein Team aus fünf Schiffbauingenieuren, einem Bootsbaumeister, einem Nautiker und einem Archäologen leitete den Projektverlauf. Mit dem Bau erfolgte bereits die Planung für die spätere Nutzung. Neben experimentalarchäologischen Analysen war dabei an touristische Reisen mit Gästen auf der Ost- und Nordsee gedacht. Ein solcher Personentransport setzte eine enge sicherheitstechnische Abstimmung mit dem Germanischen Lloyd, der See-Berufsgenossenschaft und der Gemeinsamen Kommission für historische Wasserfahrzeuge voraus. Entsprechend der Sicherheitsvorschriften erfolgte die Ausstattung mit einem Motor und einem feststehenden Propeller sowie weiteren modernen Einbauten, wobei darauf geachtet wurde, dass diese die Fahrteigenschaften möglichst wenig beeinträchtigten.

Die Einrichtung des Werftplatzes im alten Wismarer Hafen begann im Sommer 2000, ein Jahr später setzten die Arbeiten am Nachbau ein. Wie im Mittelalter stellte die Beschaffung geeigneter Bauhölzer eine besondere Herausforderung dar. Aufgrund der geringen Ressourcen an hochwertigen Hölzern im Umfeld von Wismar musste schon zur Hansezeit das Stammholz für den Schiffsbau oft von weiter geholt werden. Für die Planken wurde sehr langsam gewachsenes Holz aus nur einer Region verwendet. Bei der Replik wurde das berücksichtigt, und nach langem Suchen konnte geeignetes Material aus der Lüneburger Heide bezogen werden. Die etwa 150 Jahre alten Kiefern von dort wiesen durch ihren Standort auf sandigen Böden sehr engringiges Holz und damit für den Bau optimale Eigenschaften auf. Aufgrund der höheren Elastizität verwendete man für die Planken frisch geschlagenes Holz mit einer gewissen Restfeuchte. Die Spanten und andere benötigte Krummhölzer wurden wie beim mittelalterlichen Vorbild direkt durch den Schiffbaumeister in den Forsten der Umgebung von Wismar ausgewählt und eingeschlagen. Wie im Mittelalter üblich, wurden die Hölzer im Winterhalbjahr gefällt, da Hölzer, die während der Vegetationsperiode gewonnen werden, aufgrund des hohen Feuchtigkeitsanteils schnell verstocken. Das Ausgraben der Wurzelansätze setzte allerdings frostfreie Perioden voraus.

Für den Nachbau der 26 Plankengänge der Rumpfschale waren 120 Stämme mit Längen zwischen 5 bis

84

12 m bei einem Durchmesser von 45 bis 50 cm erforderlich. Insgesamt mindestens 360 Bauteile waren zum Aufbau der 73 durchgehenden Spanten, für die Kantspanten im Bug- und Heckbereich sowie für die Bugbänder nötig – 160 Krummhölzer und 200 geradlinig gewachsene Stämme. Kiel- und Stevenkonstruktion, Querverbände, Decks- und Kastellaufbauten erforderten mindestens 30 massive Stämme mit Längen zwischen 5 bis 15 m sowie 16 winkelförmige Kniehölzer. Insgesamt wurde das Holz von annähernd 500 Stämmen verbraucht. Anhand der in Wismar entstandenen Replik lässt sich die Gesamtmenge des für die Kogge verbauten Kiefernholzes mit 140 m³ beziffern. Allein für die Verbindungen beim Nachbau der Kogge waren 16 000 eiserne und 4 500 Nägel aus Holz herzustellen.

Angesichts der Holzknappheit im Spätmittelalter dürfte die Beschaffung eines angemessenen Mastes problematisch gewesen sein. Siegel des 14. Jahrhunderts (Elbing, Kiel, Stralsund, Wismar) zeigen ein annähernd gleiches Verhältnis von Mast- und Schiffslänge. Zu finden ist dieses Verhältnis auch in Altarbildern, etwa in der Schiffsdarstellung auf dem Dreikönigsaltar der ehemaligen St.-Johannis-Kirche in Rostock. Schiffstheoretische Berechnungen bestätigten das Größenverhältnis. Für den Nachbau der »Poeler Kogge« wurde eine etwa 55 m lange Tanne im Südharz bei Osterode geschlagen und auf eine Mastgesamtlänge von 34 m eingekürzt, wodurch der

Das Bauholz für die »Wissemara«, engringige Kiefer, wurde vorzugsweise aus der Lüneburger Heide bezogen.

erforderliche Querschnitt von 65 cm am Fuß und von 30 cm an der Spitze vorhanden war.

Für die Kalfaterung wurden Rinderhaare zu einem in Z-Richtung gedrehten Strang mit einer Breite von ca. 2 cm verarbeitet, für die Dichtung größerer Flächen filzartige Fasermatten. Nachdichtungen erfolgten mit Rindenbast aus Hanfpflanzen. Die für das Original verwendeten Rinderhaare stammten einst vermutlich aus Gerbereien. Der Bedarf an Kiefernpech zur Kalfaterung und als Anstrichstoff betrug bei der Replik rund 2 000 Liter.

Das praktische Nachvollziehen einstiger Bauprozesse begann mit der Vorbereitung des Schiffbauplatzes, der Lastadie. Der Kiel wurde auf dem Stapel ausgelegt und unter Nutzung der Stevenknie der Vor- und Achtersteven auf- und ausgerichtet. Im Kielbalken wurde eine Sponung für den ersten Plankengang der Steuer- und Backbordseite ausgearbeitet, der im Vor- und Achtersteven in Plankentaschen einlief. Die tangential aus Stämmen gewonnenen Planken wiesen beim Bau Längen von bis zu 12 m auf. Sie wurden vom Achterschiff ausgehend symmetrisch verbaut. Die Plankenfertigung erfolgte einst vor Ort, wie der symmetrische Verbau der aus einem Stamm gespaltenen Planken am Wrack belegt. Bei der Replik wurde das Spaltverfahren zumindest getestet. Da jedoch sowohl die verfügbare Holzqualität als auch die einsetzbare Arbeitskraft es nicht zuließen, dass alle Planken aufgespalten wurden, wurden die Stämme aufgesägt, wobei aus einem Stamm jeweils zwei Planken entstanden. Der Rumpfaufbau begann mit der qualitativ besten Planke an der Steuerbordseite. Besaß eine der Planken nicht über die ganze Länge die erforderliche Qualität, so ergänzte man sie an der Backbordseite durch das Einsetzen kürzerer Plankenstücke, sodass diese die Länge der Steuerbordplanke erreichte. Der erste Plankengang wurde in einem annähernd rechten Winkel an Kiel und Steven mit Eisennägeln befestigt. Untersuchungen zum Ausziehverhalten eines in den Kielbalken eingeschlagenen Eisennagels zeigten, dass dieser Kräfte von etwa 10,40 Kilo-Newton aufnehmen konnte. Die Planken innerhalb eines Ganges setzte man an ihren Stirnseiten auf Stoß. Beim weiteren Aufplanken galt es im Sinne einer maximalen Stabilität des Rumpfes, besonders im Mittschiffsbereich, die übereinander liegenden Stöße um mindestens 1,50 m zu versetzen.

Erforderliche Verformungen in den Planken wurden durch eine zweistündige Erwärmung auf 80 bis 85 °C erreicht, nach der das Kiefernholz für etwa zehn Minuten elastisch bleibt. Die Planken wurden einst wohl sehr vorsichtig unter ständigem Befeuchten über einer der Länge der Planke entsprechenden Feuergrube erwärmt – an den geborgenen Hölzern waren keinerlei Verkohlungen zu beobachten. Ein zu starkes Erwärmen hätte ein Austreten des Harzes zur Folge gehabt, wodurch die Planke spröder geworden wäre und ihren natürlichen Schutz verloren hätte. In späterer Zeit erfolgte die Erwärmung in Dampfkästen. Die erwärmten Hölzer wurden an den Rumpf angepasst und mit eisernen, zweifach umgeschlagenen Nägeln befestigt. Jeder einzelne umgebogene Eisennagel konnte Kräfte von 4,94 bis 6,10 Kilo-Newton aufnehmen.

Glätten der Bauhölzer mit Dechseln

Da die Bauarbeiten unter freiem Himmel stattfanden, waren die Hölzer des entstehenden Schiffes der Witterung ausgesetzt. Dies erforderte eine ständige Imprägnierung des Rumpfes mit Pech. Ein solcher Anstrich bildete zudem einen wirksamen Schutz gegen ein zu schnelles Trocknen der Hölzer, das Risse in den Planken bewirkt hätte. Die gleichmäßige Trocknung verlangte dennoch ein mehrfaches Nachkalfatern der Plankennähte. Insgesamt schlug man fünf bis sechs Mal mit keilförmigen Kalfateisen oder Kalfathölzern Hanffasern zwischen die Planken. In Anlehnung an die Erfahrungen bei der Replik dürften die Fertigung der Planken und das Aufplanken etwa 12 bis 18 Monate in Anspruch genommen haben. Nach dem Aufplanken der Rumpfschale erfolgte deren partielle Innenverstärkung an besonders beanspruchten Bereichen. Parallel zum Verlauf der Planken wurden bis zu 3,75 m lange Versteifungsbretter eingepasst. Die 4 cm starken Bretter wurden mittels pechgetränkter, gefilzter Matten aus Rinderhaar auf die Planken aufgeklebt und mit Eisennägeln fixiert.

Nach einem weiteren, sehr dick aufgebrachten Pechanstrich im Schiffsinnenraum begann der Einbau der Spanten. Bevor die ersten Bodenwrangen eingesetzt wurden, legte man in die kanalartige Vertiefung auf dem Kiel und zwischen den beiden ersten Plankengängen vier Tothölzer ein, sodass sie den Zwischenraum zu den Seiten hin ausfüllten, aber in der Mitte über dem Kiel einen Kanal zur Zirkulation des Bilgenwassers ließen. Das Wasser sammelte sich somit an der tiefsten Stelle des Achterschiffs, wo es abgeschöpft oder abgepumpt werden konnte. Durch die Tothölzer entstand außerdem eine bessere Auflage-

Nach der Kiellegung und dem Ansetzen der Steven wird die Rumpfschale Planke für Planke aufgebaut.

fläche für die relativ geraden Bodenwrangen im Bereich der Kielkonstruktion. Die Einbringung der aus Bodenwrangen und Auflangern bestehenden Spanten erfolgte in bereits beschriebener Weise. Insgesamt setzte man 73 durchgehende Spanten und im Bereich des Vor- und Achterschiffs auch noch jeweils drei bis vier Kantspanten bzw. sogenannte Piekstücke ein.

An den Spanten im Mittschiff des Wracks waren Druckstellen über dem Kiel erkennbar, die auf die Position eines Kielschweins hindeuten. Nach Vergleichsfunden und schiffstheoretischen Berechnungen betrug die optimale Länge des Kielschweins 17,90 m. Eine spindelförmige, 3,60 m lange Verdickung am Ende des vorderen Drittels, die Mastspur, dürfte einen 34 m langen Mast aufgenommen haben.

Die nicht mehr vorhandene aufgehende Konstruktion des Wrackfundes war auf Grundlage anderer Quellen zu rekonstruieren, unter anderem anhand der erwähnten schiffsdarstellenden Stadtsiegel sowie des »Eberstorfer Modells« aus dem 15. Jahrhundert. Zum archäologischen Vergleich dienten die Wrackfunde Kalmar I, IV und V, die »Bremer« sowie die »Darßer Kogge«. Zur Gewährleistung der Querstabilität muss die »Poeler Kogge« mindestens sieben Querbalken besessen haben, die durch Knie im Schiffskörper befestigt waren. Anzunehmen ist, dass diese Balken, durch den Schiffsrumpf gehend und mit Abweisern kombiniert, eine Art Schutzfender bzw. mehrteiliges Barkholz bildeten. Ob das Fahrzeug zum Schutz von empfindlichen Waren wie Salz, Stockfisch oder Pelzen ein geschlossenes oder zum Transport von großformatigen Gütern wie Stammholz und Steinen ein offenes Deck besaß, lässt sich nicht sicher ermitteln. Allerdings spricht das Fehlen einer Wegerung für den Transport großer Güter, die nicht in die Spantenzwischenräume rutschen und auch nicht durch Bilgenwasser verderben konnten. Möglicherweise wurde das Fahrzeug auch je nach der zu transportierenden Ladung mit lose eingelegten oder gehefteten Wegerungs- und Decksplanken versehen. Aufgrund der für die Schiffsgröße erforderlichen Mannschaft von zehn bis zwölf Personen ist mit der Existenz eines Achterkastells zu rechnen, das Wetterschutz und Schlafstatt bot. Das Kastell dürfte mit einer einfachen Herdkonstruktion als Feuerstelle versehen gewesen sein.

Zwingend notwendig zur Bedienung eines Segelfahrzeugs dieser Größe sind ein querliegendes Bratsowie ein aufrecht stehendes Gangspill im Achterschiff. Mit diesen Winden wurden die Rah, bei starkem Winddruck auch das Ruder sowie der Anker bedient. Zudem konnten unter Nutzung der Rah Waren mit Winden aus dem Schiffskörper gehoben und auf Leichterfahrzeuge umgeladen werden. Angesichts der auftretenden Kräfte wurde die Länge des Bratspills bei einem Durchmesser von 57 cm auf 3,10 m bestimmt. Das Gangspill ragte mit einer Länge von 1,80 m und einem Durchmesser von 63 cm über Deck hervor und wurde unter Deck mit einen 85 cm langen Zapfen befestigt.

Erkennbare Trocknungsrisse oder andere Beschädigungen, die während des Baus auftraten, wurden sorgfältig kalfatert und ausgebessert. Unter Ausnutzung der schiefen Ebene an der Lastadie konnte der Rumpf schließlich zu Wasser gelassen werden. Anders als ihr Vorbild wurde die Replik angesichts der

Die Rumpfschale wird über Formschablonen, sogenannten Mallen, modelliert.

Das Bratspill im Achterkastell hat eine wichtige Funktion beim Lichten des Ankers und beim Hieven der Rah.

Links: Kalfatern des Schiffsrumpfs

Rechts: Das Team beim Einsetzen von Spanten, Bugbändern sowie Quer- und Decksbalken zur Erhöhung der Stabilität im Vorschiff

eisernen Kaikante des heutigen Wismarer Hafens mit zwei großen Kränen zu Wasser gelassen.

Kleinere Risse dichteten sich durch das Quellen des Holzes von selbst ab. Im Wasser liegend konnten weitere Arbeiten an den Aufbauten erfolgen. Noch bevor die Arbeiten am Deck beendet waren, erfolgte das Einsetzen des Mastes, einst vermutlich mit Winden über ein Dreibein. Für das stehende Gut waren 330 m und für das laufende Gut 1950 m Tauwerk erforderlich. Insgesamt wurden 58 Blöcke für das gesamte Rigg benötigt. Vermutlich wurde ein Großteil der Taue aus Hanffasern geschlagen. Allerdings ist die Verwendung von Tauen aus Pferdehaaren, Lindenbast und Tierhäuten ebenfalls belegt. Das Rahsegel bestand aller Wahrscheinlichkeit nach aus grober Leinwand. Aufschlüsse zu dessen Dimension und Beschaffenheit vermögen Darstellungen auf den Siegeln der Städte Hasting aus dem 13. Jahrhundert und La Rochelle (um 1200) zu geben. Auf einigen Abbildungen lassen sich bis zu drei Stoffbahnen (Bonnets), erkennen, die in das Hauptsegel eingeknüpft waren. Durch Einsetzen bzw. Herausnehmen der Bonnets konnte die Segelgröße dem Wind angepasst werden. Für die »Poeler Kogge« ist eine 15,60 m breite Rah und ein 276 m² großes Segel zu vermuten.

Der Einbau des Ruders erfolgte wahrscheinlich ebenfalls erst nach dem Stapellauf. Die Maße dieses Bauteils wurden auf eine Länge von 4,50 m und auf eine maximale Breite von 1,20 m berechnet. Am aufgefunden Achtersteven konnte die unterste Öse mit der Ruderhacke und der Abdruck eines weiteren Beschlages festgestellt werden. Demnach verfügte

Stapelhub der »Wissemara« am 29. Mai 2004

das Original über vier oder fünf Ruderbeschläge. Bei den eisernen Beschlägen befanden sich die Zapfen am Ruder und die Ösen am Steven. Die im Ruderkopf eingesteckte Pinne besaß bei einer Länge von 2,50 m die günstigste Kraftübertragung auf das Ruder.

Entsprechend der Arbeitsabläufe und des zur Verfügung stehenden Platzes konnte die Arbeit mit 30

Die »Wissemara« in Fahrt

bis 40 Schiffbauern am effektivsten durchgeführt werden. Die Gesamtbauzeit dürfte unter Anleitung eines erfahrenen Schiffbaumeisters und unter Mitwirkung ausgebildeter Gesellen etwa bei 36 Monaten gelegen haben. Der Nachbau der Kogge dauerte fünf Jahre, wobei durch unterschiedliche Beschäftigungsmodelle ein ständiges Anlernen von neuem Personal erforderlich war.

Mit der wissenschaftlichen Rekonstruktion und dem Nachbau ließ sich die einstige Dimension der »Poeler Kogge« erfassen. Die Länge über alles konnte auf 31,50 m und die maximale Breite auf 9,32 m bestimmt werden. Die Länge im Bereich der Wasserlinie betrug 25 m und im Bereich der Mallkante Spant 8,50 m, sodass das Längen-Breiten-Verhältnis des Schiffes bei 2,94:1 lag. Mit 26 Plankengängen lag die Gesamthöhe des Schiffes bei 3,65 m. Bei einem gesamten Raumvolumen von 776 m^3 dürfte das effektive Laderaumvolumen bei etwa 400 m^3 gelegen haben. Insgesamt lässt sich die Ladekapazität des Fahrzeugs mit 230 t angeben. Der gesamte Rumpf war trotz der Klinkerung breit und gedrungen, sodass das Schiff einen relativ geringen Tiefgang hatte. Er wurde bei unter 45 t Ballast auf 2 m und der Freibord somit auf 1,65 m berechnet. Der maximale Tiefgang bei voller Zuladung lag bei 2,75 m.

Das Vorschiff besaß nach dem Ausstraken und durch einen vermutlich leicht konvexen Steven eine relativ scharfe Form, während das Achterschiff durch den steilen Achtersteven recht gedrungen war. Die Segeleigenschaften des flach gebauten Rumpfes verbesserte man durch einen Balkenkiel. Diese Konstruktion war gerade bei seitlichen Winden von Vorteil.

Das Vorderstag dient der Stabilisierung des Mastes. Die Segelfläche der »Wissemara« kann bei Bedarf mit bis zu drei zusätzlichen Segelbahnen, den Bonnets, vergrößert werden.

Weitere Schiffstypen der Hanse

Die Einteilung von Schiffstypen hat das Ziel, verschiedene Merkmale so zu abstrahieren, dass gleichartige Fahrzeuge unter einem Typenbegriff zusammengefasst werden können. Dabei erfolgt meist eine Unterscheidung nach Größe und Aufgabe, Baumaterial, Bauart, Antrieb oder regionaler Herkunft. Vor dem Hintergrund heute üblicher Schiffsbezeichnungen kann in Hinblick auf historische Schiffstypen bisweilen ein verwirrendes Bild entstehen. So gleichen sich die großen Kategorien Fährschiff, Tanker oder Stückgutfrachter zwar jeweils in ihrer Aufgabe, können jedoch in Größe und Bauweise erheblich differieren. Segelschiffe werden meist einzig nach Mastenzahl und Segelform unterschieden, wobei in derselben Typenklasse geschweißte und genietete Stahl- sowie kraweele und geklinkerte Holzrümpfe zusammengefasst werden. Auch innerhalb von Schiffstypen sind teilweise unter demselben Oberbegriff völlig unterschiedliche Fahrzeuge beschrieben. Ein Beispiel dafür bietet der »Kutter«. War dies im 18. Jahrhundert ein kleines einmastiges Fahrzeug mit Gaffel-, Fock- und Rahsegel, so bezeichnet man heute so auch anderthalbmastige Segelfahrzeuge und selbst große hochseetüchtige Fischereifahrzeuge in Stahlbauweise mit Motor.

Ist es also schon schwierig, noch in Fahrt befindliche Fahrzeuge zu typisieren, so stellt es eine besondere Herausforderung dar, die meist nur fragmentarisch vorliegenden Wrackfunde einem Schiffstyp zuzuweisen. Bereits 1914 nahm Bernhard Hagedorn eine Einteilung in größere Fahrzeuge, wie Kogge, Nef und Hulk, und kleinere, wie Schnigge, Ostseeschute, Bardze, Leichter, Bording und Prahm vor. Ein Jahr darauf stellte auch Walther Vogel die Bedeutung von Kogge und Holk als große Frachtschiffe der Hanse heraus und erweiterte die Schiffstypen jener Zeit um Ballinger, Bardze, Ewer, Kraier, Pleyte, Busse oder Büse, Schnicke, Schute und Bojer. An kleineren Küsten- und Binnenfahrern nannte er Dogger, Hekboot, Hoickbort, Hoye, Kabuser bzw. Kammuser, Pinken, Quakelen, Bording und Cavassen.

Warnemünder Fischkutter am Alten Strom (1926). Wie in der Kategorie »Kutter« haben sich auch hinsichtlich anderer Schiffsbezeichnungen im Laufe von Jahrhunderten erhebliche Begriffsveränderungen vollzogen.

Auf dieser Basis ging Paul Heinsius von einer Gleichzeitigkeit und Vielfältigkeit verschiedener Schiffstypen aus. Er ergänzte die Aufstellung der bekannten Schiffstypen zur Hansezeit um Cymbae, Espings, Liburnen, Strusen sowie als Flussfahrzeuge Pyraticae, Naviculas und Naves. Für die östliche Ostsee erwähnte er weiterhin die Lodjen und stellte als Leichterfahrzeuge den Prahm, den Ratibus für den rügenschen Heringsmarkt sowie Kahn und Bording heraus. Die Schute deutet er als Hochseeschiff, während er die Schnigge dem küstennahen Verkehr zuordnete. Zuletzt führte Thomas Wolf als weiteres Kriterium zur Bestimmung historischer Schiffstypen ihre Tragfähigkeit ein.

Aufgrund schriftlicher und bildlicher Überlieferung ist es möglich, verschiedene Wrackfunde als Koggen zu bestimmen und dies durch archäologische Sachzeugnisse zu untermauern. Bei anderen großen Frachtschiffen trifft dies nur bedingt zu. Der Holk, der als zweiter großer Frachtschiffstyp der Hanse die Kogge ab dem 14. Jahrhundert zunehmend ablöste, stellt Schiffsarchäologen und Historiker vor ein großes Rätsel. Auch von mittleren und kleinen Schiffen existieren nur wenige Zeugnisse, sodass sich schriftlich-bildliche Überlieferung und Wrackfunde nur selten direkt miteinander vergleichen lassen.

Nachfolgend wird an einigen ausgewählten Beispielen der Versuch unternommen, durch Quellenvergleich die Typenbezeichnungen einer entsprechenden Schiffsform und -größe zuzuordnen.

Holk

Heinsius vermutet aufgrund von Darstellungen für den Holk »ein kielloses Fahrzeug mit sehr gewölbter Bordwand und runder Kaffe«. Bei der Kaffe werden die Bodenplanken über die Wasserlinie aufgebogen und bilden mit den Seitenplanken eine bananenförmige Schiffsform. Mit »hulec«, »hoele«, »holcas« wurden vermutlich zuerst römische Flussschiffe bezeichnet. Bei dem Wrack Utrecht 1 aus dem 10. Jahrhundert handelt es sich um ein Flussschiff in dieser Bauweise mit einer Länge von 17,2 und einer Breite von 3,66 m.

Aus dieser Form entwickelte sich bis zum 15. Jahrhundert ein hochseefähiger Schiffstyp, dessen Ladekapazität nach schriftlichen Überlieferungen zwischen 198 bis 440 t lag. Das Danziger Stadtsiegel von 1400 zeigt ein derartiges einmastiges Fahrzeug. Der durchgängig geklinkerte Rumpf weist wie bei den Koggen einen steil ausgerichteten Achtersteven mit Heckruder auf. Jedoch läuft der Vordersteven bananenförmig in einer Kaffe zusammen. Der Rumpf ist organisch mit einem relativ flachen Achter- und Vorderkastell verbunden. Auf der »Caerte van de Oosterscherzee« von Jan van Hoimre, die 1526 erschien, ist ein dreimastiges Fahrzeug mit einem hoch aufragendem Achterschiff zu erkennen, dass als »de hollanse hulck« bezeichnet wird. Diese Darstellung ist als eine Weiterentwicklung jenes Schifftyps anzusehen, zumal sie große Parallelen zu einem der überlieferten Rostocker Modellschiffe

96

Danziger Stadtsiegel um 1400

ten verfügte. Mit den Wracks »J 137« und »O 28« gibt es weitere Funde, bei denen allerdings noch eine umfassende wissenschaftliche Auswertung aussteht.

Zusammenfassend kann festgestellt werden, dass der Holk sich aus einem bananenförmigen Binnenschiff entwickelte. Im 15. Jahrhundert sind Elemente dieser Schiffsform noch im Vorderschiffsbereich zu erkennen, der in einer Kaffe ausläuft. Ansonsten finden sich mit der durchgängigen Klinkerung typische Elemente der nordischen Klinkerbautradition. Der Rumpf verfügt über ein Vorder- und ein Achterkastell, das im 16. Jahrhundert beachtliche Höhe erreicht. Die Vorschiffskonstruktion mit der Kaffe wich zunehmend einem Achtersteven mit konvexer Form. Das ursprünglich aus einem Mast mit Rahsegel bestehende Rigg entwickelt sich zur Mehrmastigkeit mit zwei

aufweist, das ebenfalls aus der ersten Hälfte des 16. Jahrhunderts stammt.

In den Ijsselmeerpoldern konnte mit dem Wrack »U 34« ein gut erhaltener Schiffsfund mit einer Länge von 30 und einer Breite von 9 m gefunden werden, der sich ins 15. Jahrhundert datieren lässt. Der relativ flache Schiffsboden ist durchgängig geklinkert, wobei die Plankenverbindungen mit Eisennieten hergestellt wurden. Über dem Balkenkiel befand sich ein Kielschwein, in dem Aussparungen darauf hindeuten, dass das Fahrzeug über zwei oder sogar drei Mas-

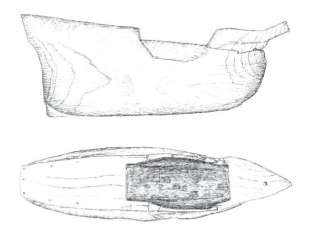

Modell einer Holk aus Rostock, 16. Jahrhundert

bis drei Masten in der Kombination von Rah- und Lateinersegel. Bei einer Länge von 30 m und mehr verfügte das Handelsschiff über eine Ladekapazität von über 200 t.

Der Begriff »Hulk« war noch bis ins 19. Jahrhundert gebräuchlich, zuletzt für große ausgediente Kriegs- und Handelsschiffe, die in den Häfen als Unterkunft, zur Verwahrung von Gefangenen oder als Lagerschiff vor Anker lagen.

Darstellung einer Bardze aus dem 15. Jahrhundert des Meisters WA

Bardze und Barke

Die Namen Bardze und Barke – in den Schriftquellen auch »barck«, »barcke«, »bargia«, »bargea«, »barse« oder »bardese« – haben ihre Herkunft im lateinischen »barca«, was kleines Schiff ohne Mast bedeutete. Im Einzugsgebiet der Hanse findet sich die niederdeutsche Form »bardse« am häufigsten. Für das 14. Jahrhundert sind Bardsen noch als kleinere Fahrzeuge mit Riemenantrieb belegt. Im 15. Jahrhundert dürfte sich dieser Schiffstyp dann zu einem hochseefähigen Schiff entwickelt haben.

Die maximale Zuladung der Bardzen lag bei etwa 176 t. Bardzen dienten als Handelsschiffe auf der Baienfahrt, für die Überbringung von Depeschen oder mit zusätzlicher Bewaffnung für militärische Operationen. Besondere Bedeutung zur Bestimmung einer Bardze besitzt eine Schiffsdarstellung aus dem ausgehenden 15. Jahrhundert. Der Kupferstich stammt von dem bereits erwähnten Meister, der seine Blätter mit dem Kürzel »WA« signierte. Der Kupferstecher fertigte einige sehr detailgetreue Abbildungen von Schiffen aus seinem regionalen Umfeld, die teilweise mit Schiffstypenbezeichnungen versehen sind. In der oben abgedruckten Schiffbruchszene bildet er eine Bardze ab, die auf ein Riff aufgelaufen ist. Das Fahrzeug zeigt drei Masten, die teilweise gebrochen sind. Das sehr lange Achterkastell ruht wie das relativ kleine Vorderkastell auf mit dem Rumpf verbundenen Stützen. Deutlich erkennbar ist die Vernagelung an den Plankenenden – eventuell ein Hinweis auf die Verwendung von über-

> Ein **Lateinersegel** besteht aus einem Tuch in Form eines Dreiecks, das mit der Basis an eine waagerechte Stange, die Rah, angeschlagen ist. Die Rah ist ihrerseits mittig am Mast befestigt. Sie wird zum Segeln schräg gestellt, sodass eine Seite des Segels in etwa horizontal verläuft, das mit einem Tau an der Spitze gespannt wird. Je nach Windrichtung kann das Segel auf beide Seiten geschwenkt werden.

lappenden Laschen, wie sie bei geklinkerten Fahrzeugen üblich waren.

Ewer und Kreyer

Der Ewer wird erstmalig 1252 in der Zollrolle von Damme genannt und ist bis in unsere Zeit eine gebräuchliche Schiffstypenbezeichnung. Der Name leitet sich vermutlich vom niederländischen »envarer« – Einfahrer – ab. Das ursprünglich wohl kleine, in der Binnen- und Küstenfahrt genutzte Fahrzeug nahm bis zum 15. Jahrhundert in seiner Tragfähigkeit zu und wurde von sechs bis zehn Mann Besatzung bedient. Seine Ladekapazität lag nach Schriftquellen zwischen 55 bis 154 t. Da es sich beim Ewer um ein plattbodiges Fahrzeug handelt, dürfte er ursprünglich in westeuropäisch-friesischer Bautradition mit flacher Kielplanke und flachem kraweelem Boden sowie geklinkerten Außenwänden gefertigt worden sein. Der rechteckige Rumpfquerschnitt wurde ab dem 16./17. Jahrhundert im Vollkraweelbau und ab dem 19./20. Jahrhundert als eiserne Konstruktion beibehalten. Ursprünglich verfügte der Ewer nur über *einen* Mast. Die Mastenanzahl erhöhte sich in der Weiterentwicklung dieses Typs auf zwei, die Verwendung eines Seitenschwertes verhinderte beim Am-Wind- und Halbwindkurs die Abdrift.

Auch der Kreyer oder Kraier findet ab dem 15. Jahrhundert mehrfach Erwähnung in den Dokumenten der Hanse. Das ursprünglich rahgetakelte Fahrzeug besaß ein Achterkastell und hatte sechs bis zwölf Mann Besatzung an Bord. Es handelte es sich vermutlich um ein Plattbodenschiff, welches mit einer Ladekapazität von 33 bis 220 t größer als ein Ewer war.

Bei Grabungen im Ijsselmeer konnten mehr als zehn Wrackfunde in der westeuropäisch-friesischen Bautradition lokalisiert werden, die eine rekonstruierte Länge von 10 bis 16 m aufwiesen und bei denen es sich eindeutig um Binnen- bzw. Küstenfahrzeuge handelte. Genauere Untersuchungen dieser Wracks dürften zu einer Bestimmung als Ewer oder Kreyer führen.

Kraweel

Die Anfänge dieser ursprünglich mediterranen Bautradition lassen sich wie schon erläutert bis in die Antike verfolgen. Durch atlantische Handelsbeziehungen waren Kraweele und deren Bauweise seit dem 14. Jahrhundert in der Ostsee bekannt. Ab dem zweiten Drittel des 15. Jahrhunderts lassen sich durch Schiffsdarstellungen aus dem Bereich der Atlantik- und Nordseeküste Fahrzeuge nachweisen, die durch kraweele Beplankung, die Form der Aufbauten, Mehrmastigkeit und die Gestaltung des Riggs Parallelen

Schnitzerei einer Fleute auf dem Schiffergestühl zu St. Jacobi in Lübeck aus dem Jahr 1687

zu den mediterranen Frachtschiffen dieser Zeit haben. Aus dem katalanischen Kloster von San Simon in Mataro stammt ein sehr detailliert ausgeführtes Modell eines ursprünglich zweimastigen Kraweels von 1450. Der glatt beplankte Rumpf zeigt Verstärkungen durch Barghölzer. Dennoch erinnert der Schiffskörper in seiner Form und mit den relativ steil angesetzten leicht konvexen Steven sowie durch die kastellartigen Aufbauten an Elemente von Koggendarstellungen.

Ökonomische und politische Entwicklungen erforderten Weiterentwicklungen im Schiffbau, wie die Erhöhung der Mastenanzahl mit einer Kombination von Rah- und Lateinersegel. Während lange die Bautradition mit dem spezifischen Aussehen des Rumpfes zur Typisierung genutzt wurde, wie z. B. »Dat grote Kraweel«, erfolgte nun zunehmend eine genauere Typisierung nach dem Aussehen des Rumpfes, des Riggs oder nach Herkunft als »Karacke«, »Kraeck«, »Karavelle«, »Galeone« oder »Fleute«.

Schnigge

Da mittlere und kleine Schiffe in der Regel nicht als Bildquellen fassbar sind, stellt die Darstellung einer »Snikke« im Wismarer Kämmereirechnungsbuch von 1335 einen seltenen Glücksfall dar. Als »snigge«, »snecke« oder »snekkja« findet sich der Name auch in anderen Schriftquellen der Hansezeit, was

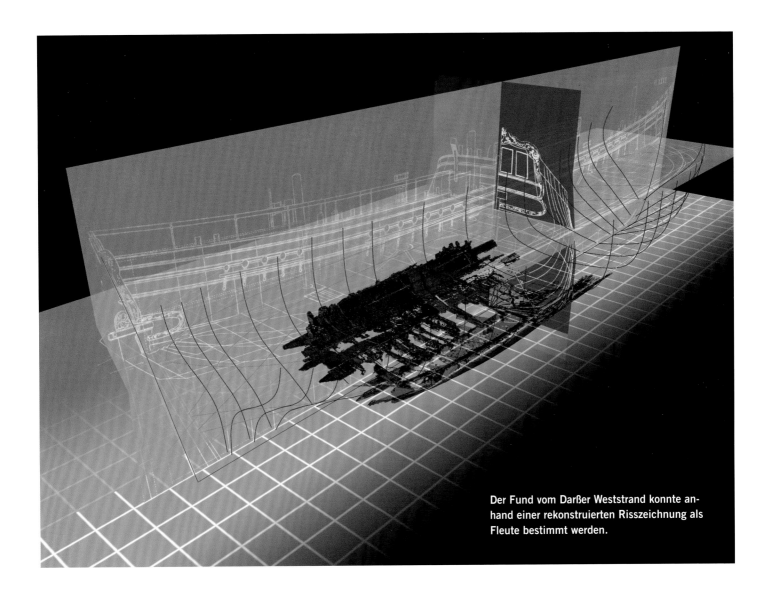

Der Fund vom Darßer Weststrand konnte anhand einer rekonstruierten Risszeichnung als Fleute bestimmt werden.

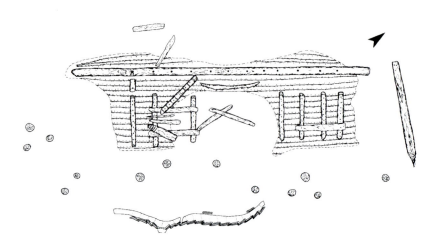

Ein klinkergebautes Wrack von 1486 aus dem Wismarer Hafen könnte einst eine Schnigge gewesen sein, die als »Brander« militärisch eingesetzt wurde.

auf eine verwandtschaftliche Beziehung zum skandinavischen Schiffstyp der »Snekken« deutet. Dies waren die mit Ruder und Segel angetriebenen Langboote der Wikinger, deren Steven mit einer schneckenförmigen Spirale verziert waren und die als schnelle wendige Fahrzeuge vorwiegend militärisch genutzt wurden.

Die Wismarer Zeichnung zeigt ein kleineres einmastiges Fahrzeug, dessen Rumpf augenscheinlich in der Klinkerbauweise gefertigt wurde. Die betont dargestellten Steven schließen halbkreisförmig den Kiel ein. Zur Darstellung findet sich der Vermerk über den Kauf einer Wismarer städtischen Schnigge. Dies passt zu anderen Überlieferungen, die besagen, dass Schniggen als schnelle Fahrzeuge mit Segel- und Ruderantrieb für städtische Botendienste, küstennahen Personenverkehr und als wendiges, flachgehendes Kriegsschiff Verwendung fanden. In einem Vertrag vom 13. März 1385 mit Wulf Wulflam, dem Sohn des Stralsunder Bürgermeisters, sind mit Waffen ausgerüstete Schniggen erwähnt. Es wird vermutet, dass sie bis zu 90 Bewaffnete an Bord nehmen konnten. Mehrfach zum Einsatz kamen Schniggen bei der Verfolgung von Seeräubern – den Vitalienbrüdern oder *fratres vitalienses*. In verschiedenen Hansestädten sind sogenannte Ratsschniggen zur Wahrung hoheitlicher Aufgaben erwähnt.

Ein 1999 im Wismarer Hafen entdecktes Wrack könnte einst durchaus als Schnigge gefahren sein.

Nachzeichnung der »Snikke« aus den Wismarer Kämmereiunterlagen

Das ursprünglich etwa 18 bis 20 m lange und 5 m breite Schiff war in nordischer Klinkerbautradtion gefertigt. Der gut erhaltene Rumpf zeigte eine scharf geschnittene Form, sodass das Schiff gerudert wie auch unter Segeln wohl über sehr gute Fahrteigenschaften verfügte. Das auf um 1486 datierte Fahrzeug sank vermutlich bei einem Angriff auf die dem Wismarer Hafen vorgelagerte Pfahlsperre. Es sollte nach bisherigen Erkenntnissen als »Brander« die Sperre mit seiner brennbaren Fracht in Brand stecken. Im Wrack fanden sich zahlreiche Reste von verkohlten Hölzern, ein Kerzenleuchter sowie ein Dolch in der Scheide.

Ein ähnliches Fahrzeug (Wrack Nr. 5) war bereits 1979/80 beim Helgeandsholmen in Stockholm gefunden worden. Das um 1345 gefertigte Boot hatte eine ursprüngliche Länge von 22,50 und eine Breite von 3,40 m und wurde 1983 als »Helga Holm« aus Kiefernholz nachgebaut. Es hat einen Tiefgang von nur 50 cm und wird von einem 60 m² großen Segel oder 16 Ruderern angetrieben. Auch Wrack Nr. 5 wurde einst als Kriegsschiff genutzt.

Schute

Auf Grundlage der hansischen Schriftquellen ist davon auszugehen, dass mit Schuten der Seeverkehr in der unmittelbaren Umgebung der Hansestädte si-

Unterwasserarchäologen beim Freilegen eines kleineren, klinkergebauten Fahrzeugs von 1591 vor der Insel Poel. Bei dem Wrack handelt es sich vermutlich um ein Leichterfahrzeug.

chergestellt wurde. Schuten (vom altnordischen »skuta« für Riemenboot) dienten bis ins ausgehende 17. Jahrhundert der Einfuhr ländlicher Produkte aus dem Umfeld der Städte, dem Leichterverkehr und als Fischereifahrzeuge für die Gewässer vor Schonen.

In Stralsunder Testamenten werden in der Zeit ab dem 14. Jahrhundert mehrfach Schuten erwähnt, die nachweislich über ein Segel verfügten. Es ist zu ver-

muten, dass es sich bei den Schuten anfangs um kleinere geruderte Fahrzeuge in der nordischen Klinkerbautradition handelte, die sich zu ungedeckten Fahrzeugen mit bis zu 22 m Länge und Segelantrieb weiterentwickelten. Die Ladekapazität lag bei etwa 50 t. Möglicherweise gab es bei den Schuten auch Abstufungen in der Dimension, die im Aufgabengebiet begründet lagen.

Im Wismarer Rathauskeller zeigt eine Wandmalerei aus dem ausgehenden 15. Jahrhundert ein großes Fahrzeug, das mit herabgelassener Rah vor Anker liegt und von einem kleineren Boot entladen wird. Das kleinere geruderte Fahrzeug ist in der Klinkerbauweise gefertigt und bereits mit diversen Fässern und Weinpipen beladen. Hier hatte der Künstler vermutlich eine Szene vor Augen, wie sie sich häufig im Wismarer Hafen oder auf dem vorgelagerten Reedeplatz der Gollwitz abspielte. Die Darstellung hat in einem Wrackfund eine Parallele, der ganz in der Nähe der Fundstelle der »Poeler Kogge« lokalisiert werden konnte. Das kieloben liegende Wrack stammt aus dem Jahr 1591, war etwa 9 m lang und 1,80 m breit und wies neben einer durchgängigen Klinkerung konvexe Steven auf. Bei einem am Fundort geborgenen Ohrentopf und einer mit Fischgrätenmuster verzierten Schale handelt es sich um Weserware, begehrte Importkeramik. Aufgrund der

Ohrentopf aus dem Poeler Wrack von 1591

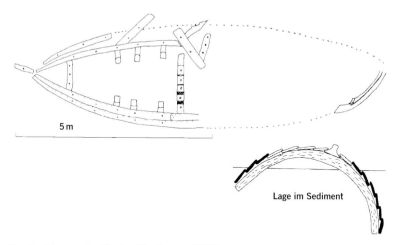

Fundzeichnung des Poeler Wracks von 1591

Schiffskonstruktion und des Fundmaterials kann vermutet werden, dass das Fahrzeug als Schute im Leichterverkehr eingesetzt war.

Auch größere Schuten kamen zum Einsatz. Einen Beleg dafür liefern vier Wracks in Klinkerbauweise, die in der zweiten Hälfte des 17. Jahrhunderts erbaut und 1715 innerhalb einer Sperranlage im Greifswalder Bodden versenkt wurden. Die Länge der früheren Schiffe konnte auf 16 bis 22 m rekonstruiert werden.

Der Begriff Schute ist noch heute zu finden. Er beschreibt Schiffe ohne eigenen Antrieb, die z.B. zum Abraumtransport bei Baggerarbeiten, als Lagerraum oder zum Leichterverkehr genutzt werden.

Prahm

Der Prahm ist ein weiterer Schiffstyp der Hansezeit, dessen Name sich bis heute erhalten hat. Die etymologische Wurzel liegt im 13. Jahrhundert als *prām* im Mittelhochdeutschen und bezeichnet ein flach gebautes Seefahrzeug. Das Wort findet sich durch hansische Vermittlung in ähnlicher Form in schwedischer, russischer, niederländischer und englischer Sprache wieder.

Prahme waren meist ungedeckte flache Fahrzeuge mit einem niedrigen Bord, die für den Seeverkehr im unmittelbaren Einzugsbereich der Hansestädte eingesetzt wurden. Sie dienten als Leichterfahrzeuge beim Entladen der großen auf Reede oder in den Außenhäfen liegenden Schiffe, zum Warentransport auf den Binnengewässern oder als Fähren.

In der Stralsunder Hafenordnung von 1278 werden Prahme zu Leichterzwecken erwähnt. Für Stralsund finden sich auch Belege, dass die Meister der im Umfeld der Stadt befindlichen Ziegeleien und Kalkbrennereien mehrere Prahme besaßen, um Brennholz heranzutransportieren sowie Ziegel und Kalk auszuliefern.

Für Lübeck spielten Prahme auf dem Stecknitz-Kanal eine große Rolle, um Lüneburger Salz zur Küste zu bringen. Im 15. Jahrhundert wurde mit Prahmen auf dieser künstlichen Wasserstraße 3000 Schiffsladungen mit etwa 30 000 t Salz pro Jahr bewegt. In entgegengesetzter Richtung transportierten Prahme Getreide, Fisch und Waldprodukte von Lübeck nach Lüneburg.

Eine genaue Vorstellung zur Entwicklung und zum Aussehen der Prahme liefern verschiedene Wrackfunde. Als »Prototyp« kann ein auf das 7. Jahrhundert da-

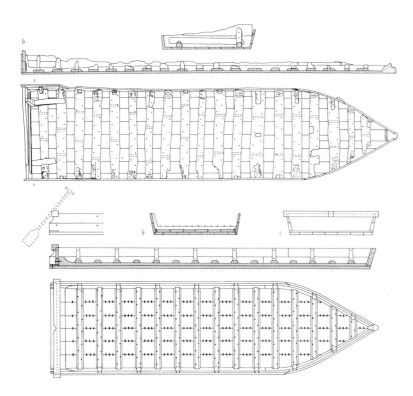

Prahme von Falsterbo (Schweden) und Treiden (Estland)

tierter Fund von Valbo an der schwedischen Westküste bei Gävle gelten. Im Haddebyer Noor bei Schleswig untersuchten Taucher einen auf 1184 datierten, noch 14,5 m langen und 2,7 m breiten Prahm, der ohne Segelantrieb vermutlich als Fähre gerudert oder gestakt wurde. Sein Vor- bzw. Achterschiff war niedrig und rampenartig gestaltet. Der Rumpf wurde durch den flachen Boden und den aus jeweils zwei Plankengängen bestehenden Seitenwänden gebildet.

Vor der Burg Falsterbohus an der schwedischen Südküste Schonens fand man nicht weniger als sechs Prahme, die zwischen 1311 und 1318 dort abgelagert worden waren. Die Wracks haben Längen zwischen 14,10 und 18 m, bei einer Breite von bis zu 3,60 m. Auch diese Funde zeigen einen flachen Boden und fast rechtwinklig angesetzte Bordwände, die annähernd parallel verlaufen. Den Übergang vom Boden zur Bordwand bildet ein L-förmiges Holzprofil.

Das Vorschiff hat eine annähernd dreieckige Form mit einem senkrechten Steven. Achtern schlossen die einstigen Fahrzeuge durch ein senkrechtes, stumpfes Heck ab. Die Prahme dürften in Verbindung mit den reichen Heringsvorkommen in den Gewässern vor Schonen dem Fang und dem Umschlag von Fischen und anderen Waren gedient haben. Vom 12. bis 16. Jahrhundert fand zwischen Falsterbo und Skanör regelmäßig von Juli bis Oktober der sogenannte Schonenmarkt statt, der einer der bedeutendsten Handelsplätze zur Zeit der Hanse war.

Dimension und Bauform der Prahme konnte bereits zur Hansezeit erheblich variieren, je nach Fahrtgebiet und Transportaufgaben. Zwei Wracks in der Weichsel bei Elbing, die sich ins ausgehende 13. und 15. Jahrhundert datieren ließen, hatten als einstige Binnenschiffe Längen von etwa 22 m und Breiten zwischen 3 und 4 m.

Teil eines kunstvoll gefertigten Schuhs aus dem Wrack der »Darßer Kogge«

Seemannschaft und Alltagsleben an Bord

Von großer Bedeutung für den Erfolg des hansischen Handels war die sichere Handhabung der Schiffe. Die Seeleute mussten beim An- und Ablegen, bei allen Segelmanövern, möglichen Notfällen und erforderlichen Instandhaltungsmaßnahmen auf See ein eingespieltes Team sein. Die aus Schiffer und Steuerleuten bestehende Führung an Bord befehligte die Mannschaft und benötigte umfassende navigatorische Kenntnisse zur Bewältigung der geplanten Routen. Schiffsführung und Besatzung hatten in den Häfen im Sinne ihrer Auftraggeber zu agieren und für einen ebenso zügigen wie sicheren Umschlag der Waren zu sorgen.

Unter diesen Bedingungen entwickelte sich an Bord ein spezifisch maritim ausgeprägtes Alltagsleben. Mittelalterliche Zeugnisse hierüber sind allerdings selten. Urkunden der Hansezeit geben Auskunft zu Handelsprivilegien und damit Informationen über transportierte Ladungsgattungen und bereiste Routen. Verhandlungen über Havarien und Rechtsstreitigkeiten wegen Schiffen oder Waren liefern schlaglichtartig weitere Details zur hansischen Seefahrt. Schiffsdarstellungen der Hansezeit geben Momentaufnahmen zum Betrieb der Schiffe und zum Leben an Bord. Erst ab dem 16. Jahrhundert erlauben Seekarten und Seehandbücher in umfassender Zahl einen Einblick in die Navigation.

Vor diesem Hintergrund kommt den in den letzten Jahrzehnten entdeckten Wracks große Bedeutung zu, da sich unter Wasser im Inventar der gesunkenen Schiffe zahlreiche Hinweise auf den mittelalterlichen Bordalltag erhalten haben.

Waren in der Frühzeit der Hanse die seefahrenden Kaufleute auch oft Schiffseigner und Schiffsführer, so änderte sich diese Struktur mit der Zeit. Durch die Größenzunahme der Fahrzeuge stiegen die Kosten für deren Bau und Unterhalt, sodass der Eigner verschiedene Partner an der Finanzierung des Schiffes und der Heuer der Besatzung beteiligte. Dies führte zum System der Partenreederei. Über den Seehandel konnten gewinnbringend große Warenmengen umgeschlagen werden. Jedoch bestanden durch Schiffbruch, Piraterie und kriegerische Ereignisse Gefahren für Schiff und Ladung. Die Partenreederei senkte das Risiko für die Anteilseigner und Befrachter, hatte allerdings zur Folge, dass auf den Schiffen zahlreiche verschiedene Warenarten in unterschiedlichsten Verpackungsgrößen verstaut und umgeschlagen werden mussten.

Verantwortlich für die Organisation des Bordbetriebes, inklusive Anheuerung der Besatzung, sicherer Verpflegung und Unterbringung der Seeleute und Passagiere sowie die Übernahme und Übergabe der Fracht war der Schiffer. Jedoch erforderte das genossenschaftliche Prinzip der Partenreederei, dass wichtige Entscheidungen einer mehrheitlichen Zustimmung des Steuermannes, der Kaufleute und der Besatzung gefällt wurden. Mit Zunahme der Schiffsgrößen und dem dadurch bedingten Anwachsen der Zahl von Besatzungsmitgliedern und Passagieren bildete sich an Bord eine Hierarchie, an deren Spitze der Schiffer oder »schippher« stand, der durch seinen Steuermann vertreten wurde. In den Städten gehörten die Schiffer als eigenständige Unternehmer zur sozial angesehenen Bürgerschaft, die sich auch in Bruderschaften organisierte. So ist für 1356 in Wismar und für 1488 in Stralsund die Gründung derartiger Bruderschaften belegt, die in gewisser Weise bereits berufsgenossenschaftliche Aufgaben wahrnahmen.

Die Schifffahrtssaison begann zu *Kathedra Petri* (Petri Stuhlfeier) am 22. Februar und währte bis Martini am 11. November. Der Schiffsherr heuerte die Besatzung, auch als »scheppeskindere« bezeichnet, zu Beginn einer geplanten Fahrt an. Der Heuervertrag wurde mit einem Schwur und der Zahlung eines Hand-

geldes besiegelt. Weitere Heuerzahlungen erfolgten nach Absprache beim Erreichen von Fahrtzielen. Darüber hinaus stand den Besatzungsmitgliedern das Recht zu, in geringem Maße selbst Fracht mitzunehmen – die sogenannte Führung.

Zum Betrieb einer Kogge von etwa 80 t Ladekapazität war eine Besatzungsstärke von 10 bis 12 Mann erforderlich. Bei großen Koggen oder Holken mit einem Fassungsvermögen von 200 t und mehr lag die Besatzungsstärke bei etwa 18 bis 20 Personen. Einen großen Aufwand an »man power« erforderte schon das Setzen der Rah mit dem gewaltigen Segel. Allein für dieses Manöver wurden bis zu sechs Seeleute bei der Bedienung des Bratspills (einer Winde im Achterschiff) benötigt. Weitere Seeleute brauchte man am Gangspill und zum Freihalten der Schoten. Auf See war die Besatzung in Abhängigkeit von den Wetter-, besonders den Windverhältnissen im Einsatz. Auch bei den sogenannten Schiffskindern setzte eine zunehmende Spezialisierung ein. Überlieferte Bezeichnungen von Besatzungsmitgliedern lassen Rückschlüsse auf ihre Funktion an Bord zu. Der nautische Schiffsführer wurde als »gubernator« bezeichnet. Spezielle navigatorische sowie seemännische Fachkenntnisse hatten die als »sturman« bezeichneten Steuermänner, von denen bei größeren Fahrzeugen zwei zur Besatzung gehörten. Über seemännische Spezialisierungen und damit eine entsprechende Stellung an Bord verfügten auch der »boesman« (Bootsmann) und die

110

»maten« (Maaten). In diese Funktionen konnte ein Seemann durch Erfahrung aufsteigen. Wer als Junge oder Jungknecht erstmals an Bord anheuerte, konnte dort zum »schipmann« werden.

Zur Besatzung gehörten je nach Schiffsgröße auch Zimmerleute und Takler zur Wartung während der Reise, Schreiber zur Abwicklung des Geschäftlichen und ein Koch. In kriegerischen Zeiten bzw. bei Piratengefahr fuhren zudem Bewaffnete mit.

Der Beginn, die Stationen und das Ende jeder Seereise waren bei den Handelsschiffen durch die Befrachtung bestimmt. Zentren für den Warenumschlag bildeten die Häfen als Ausgangspunkt bzw. Zielort der Schifffahrt und Bindeglied zwischen Land- und Seehandel. Der Hafen bildete mit Anlandeplätzen, Kränen, Wippen, Gespannen, Speichern, Werften und Quartieren die Operationsbasis der hansischen Seefahrt. Bereits im Spätmittelalter gab es in vielen Häfen Kai- oder Steganlagen, die zur Warenübergabe und -übernahme angelaufen wurden.

Im Wrack der »Darßer Kogge« fand sich eine 4,30 m lange Laufplanke mit einer Befestigungsöse, die einer heutigen Gangway ähnelt und ein wichtiger Beleg für die Nutzung von Kaianlagen ist. Größere Häfen verfügten über Krananlagen, die mittels eines Laufrades schwergewichtige Waren in Schiffsrümpfe hieven konnten. Vielfach dienten aber auch nur einfache Wippen mit einem Hebelsystem zum Beladen. Die Rah konnte ebenfalls zum Be- und Entladen genutzt wer-

Kalkmalerei aus der Kirche von Brandshagen nahe Rügen, Ende 14. Jahrhundert. Neben Bestandteilen der Tracht sind Tätigkeiten an Bord erahnbar.

den. Dieser autonomen Ladeeinrichtung der Schiffe kam auf den Reedeplätzen eine besondere Bedeutung zu, da mit ihrer Hilfe Waren aus den niedrigbordigen Leichterschiffen in die hochbordigen Frachtschiffe gehoben werden konnten. In dem vor Hiddensee entdeckten Gellenwrack entdeckten Taucher eine große Ladezange, die mit Tauen an die Rah angeschlagen werden konnte und zum Entladen von Steinplatten diente.

Bedingt durch die Partenreederei wurden zum Teil sehr unterschiedliche Waren in unterschiedlichsten Verpackungen angeliefert. Als frühe »Container« dienten Fässer, in denen nicht nur Bier, Wein und andere Flüssigkeiten, sondern auch Salz, eingesalzener Hering sowie wertvolle Metallgefäße und Keramiken transportiert wurden. Im »Danziger Kupferschiff«, welches 1430 sank, fanden sich über 100 Fässer mit Pech und anderen Waren, im Wrack der »Darßer Kogge« ein komplett erhaltenes Fass Schwefel sowie ein Beleg dafür, dass norwegischer Stockfisch in Bündeln verhandelt wurde, die teilweise in Rindenbahnen eingeschlagen waren. Ebenfalls in Bündeln wurden Pelze transportiert. Metalle verschiffte man in Barrenform, wobei Kupfer und Blei meist in runden Kokillen und Eisen in Stangen transportiert wurde, wie sich durch das »Danziger Kupferschiff« belegen lässt. In diesem Wrack wurden auch 79 Spaltbohlen mit Längen von 2,36 bis 2,56 m gefunden. Holz wurde also offenbar nicht nur als Stammholz, sondern auch in Form von Halb- und Endprodukten gehandelt. Aus dem Gellenwrack konnten zwei Eibenstämme geborgen werden, die als »bogenholt« oder »boghstaves« der Herstellung von Langbögen dienten.

Alle Waren mussten vor dem Verstauen registriert werden. Die Koggenreste vom Darß und von Kollerup sowie an der Brücke von Bergen enthielten »Kerbhölzer«, einfache Zählhilfen. Eigentumsmarken der Kaufleute, die in die Waren eingeschnitten oder als Anhänger auf Brettchen angebracht wurden, erleichterten den Überblick. Tuche kamen in Ballen an Bord.

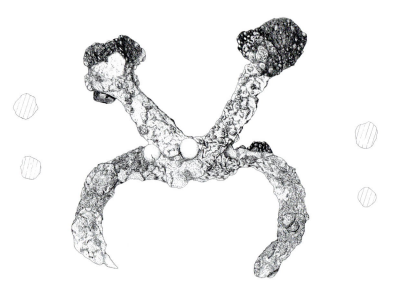

Nachzeichnung einer Zange zum Herausheben von Steinplatten, gefunden im Gellenwrack von 1378

112

Es gab aber auch Schüttgüter wie Getreide. Diese Warenvielfalt musste fachgerecht und sicher verstaut werden, damit das Schiff eine gute Stabilität behielt und die Waren auch bei Seegang nicht verdarben. Je nach Fracht wurde der Laderaum vorbereitet, indem zusätzliche Wegerungsplanken, das sogenannte Garnier, eingebracht wurden. Häufig lagerte man die Waren auch auf groben Matten aus Weidenruten oder auf Stangen, um ein Durchfeuchten zu verhindern. Beim Wrack der »Darßer Kogge« ist die innere Beplankung des Laderaumes gezielt verkohlt worden, um Fäulnis zu verhindern. Die Fracht wurde mit Leinen verzurrt und mit Staukeilen festgesetzt, wie sie in der »Poeler Kogge« erhalten blieben. Bei leichter Fracht nahm man zusätzlichen Ballast an Bord.

Für ihre Leistungen beim Be- und Entladen der Fracht sowie bei deren Betreuung auf See erhielten die Besatzungsmitglieder ein zusätzliches Entgelt, das »Winde- und Kühlgeld«. Auch ist die Zahlung von »Priemgeld« – einer Prämie – überliefert. Schiffsherr und Kaufleute überwachten den Umschlag und entrichteten entsprechende Zölle. Auf dem mittelalterlichen Reedeplatz von Wismar zeugen ein Gewichtsatz sowie Einzelgewichte von den kaufmännischen Tätigkeiten an Bord. Im Wrack von Wismar-Wendorf fand sich eine Steuermarke, wie sie in großer Zahl auch auf dem Handelsplatz von Schonen entdeckt wurde. Das Wrack von Vejby/Dänemark hatte über 110 Goldmünzen an Bord, 109 englische Nobles und eine Lübe-

Spuren von planmäßiger Verkohlung des Laderaumes zeigt das Wrack der »Darßer Kogge« von 1313.

cker Münze, die vermutlich zum Warenankauf oder zur Begleichung von Zöllen dienen sollten.

Nach Abschluss der Befrachtung musste das Handelsschiff auf günstige Winde warten, um den Hafen oder den Reedeplatz verlassen zu können. Erschwerend dürften sich für die großen tiefgehenden Koggen oder Holken die zum Teil relativ flachen Einfahrten der Hansestädte erwiesen haben. In der Regel war das Fahrwasser durch hölzerne Fässer, die mit eisernen Ketten an Steinblöcken hingen, markiert. Zudem dienten hölzerne Baken und Leuchtfeuer als Navigationshilfen bei der Aus- und Einfahrt. Für den Unterhalt solcher Seezeichen war entsprechend der Schiffsgröße ein Tonnen- oder Bakengeld zu entrichten. Da die Erreichbarkeit ihres Hafens von größter Bedeutung für den Erfolg einer Hansestadt waren, gab es bereits im Mittelalter Bestrebungen, die Häfen mit einfachen Grabwerkzeugen zu vertiefen. Verordnungen verboten die Entsorgung von Müll und Ballast im Hafen. Teilweise wurden, wie im Falle der Rostocker Steinkistenmolen, auch mit viel Aufwand große Bauwerke errichtet, um eine Versandung der Einfahrten zu verhindern.

Aufgrund der erwähnten schwierigen Bedingungen dürften große Seefahrzeuge häufig mit kleineren Ruderbooten ins freie Wasser geschleppt worden sein. Auf See fuhren die Schiffe der Hanse meist auf Landsicht und orientierten sich an markanten Küstenmerkmalen. Diese waren in Segelanweisungen niedergelegt. Eine wichtige Quelle bildet das »Seebuch« von 1470, eine Handschrift, die auf noch älteren Schriften basiert und in der Commerzbibliothek von Hamburg erhalten ist. Die Handschrift enthält Angaben zu Kursen und Ansteuerungen, Häfen und Reedeplätzen sowie zu Meerestiefen und Grundbeschaffenheit. Letztere Angaben liefern einen direkten Bezug zum wichtigsten Navigationsmittel der Hanse, zum Lot.

Mittels Markierungen auf der Lotleine konnte die Tiefe festgestellt werden. Auf der Unterseite des aus Blei bestehenden Lotes befand sich eine kleine gefäß-

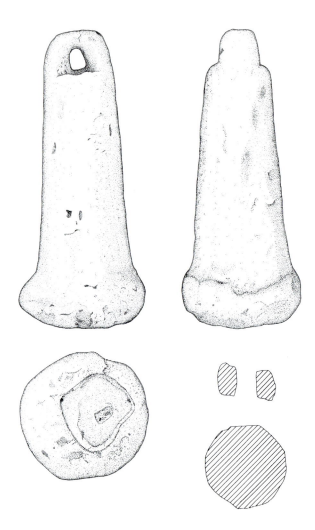

Nachzeichnung eines Bleilots, gefunden im Wrack der »Darßer Kogge« von 1313

114

Seeleute beim Werfen des Lotes, Buchillustration aus »Olaus Magnus« 1555

artige Aussparung, in die die fetthaltige Lotspeise eingegossen wurde. Beim Auftreffen des Lotes auf den Meeresgrund blieben Partikel des Bodens an der Lotspeise haften. Je nachdem ob sich Schlick, Sand oder Kies am Lot befanden und welche Tiefe festgestellt wurde, konnte mit den Angaben aus dem Seehandbuch oder anhand von Erfahrungswerten der Standort des Schiffes festgestellt werden. Der erste sichere Nachweis eines Bleilotes gelang im Wrack der »Darßer Kogge«, die um/nach 1345 versank. Das Lot konnte aus dem Vorschiff geborgen werden, wo der Lotgänger an einer violinenförmigen Scheibe am Vordersteven seinen Platz zur Tiefenmessung bezog.

Ab der ersten Hälfte des 14. Jahrhunderts wurden auch Geschwindigkeiten gemessen, wofür eine unscheinbare Bronzescheibe aus der »Darßer Kogge« einen wichtigen Beleg liefert. Es handelt sich um die Durchlaufscheibe einer Sanduhr, dem Logglas, die zur Zeitmessung an Bord genutzt wurde. Die Geschwindigkeit wurde mit dem Log gemessen, einer an einem markierten Band befindlichen und zum Teil mit Blei beschwerten Hartholzscheibe. Beim Werfen des Logs verblieb es nahezu an derselben Stelle im Wasser und durch die in einer bestimmten Zeit ausgelaufene Leine konnte die Geschwindigkeit ermittelt werden.

Eine weitere wichtige Tätigkeit des Steuermanns bestand im regelmäßigen Anpeilen von Landmarken zur Positionsbestimmung. Die Tätigkeiten »pilen« oder peilen und das Loten finden wir heute noch in der Bezeichnung der Lotsen als »pilot«. Mit dem Aufkommen des Buchdrucks in der Mitte des 15. Jahrhunderts war es möglich, Seekarten und Segelanweisungen preiswert und in großer Zahl zu vertreiben, die die Navigation an Bord erleichterten. So konnte im auf 1476 datierten Wrack von Wismar-Wendorf ein gedrechselter Holzstab gefunden werden, der zum Aufwickeln einer Karte diente. Der Stab mit der aufgewickelten Karte konnte in einen hölzernen oder ledernen Köcher geschoben werden, der Nässe abhalten sollte. Meist wurden die Seekarten durch Abbildungen der Küstensilhouetten als Peilhilfe und Segelanweisungen ergänzt. Ein gutes Beispiel bilden hier die Kartenwerke »Caerte van de Oosterzee« von

> Die Seeleute der Hanse nutzten vorwiegend Routen in Küstennähe. Kirchtürme, hölzerne Gestelle, so genannte Baken waren künstliche **Landmarken**. Auch große Bäume, Hügel und andere auffällige Küstenformen waren bei der Peilung hilfreich.

Jan van Hoirne und die 1543 von Cornelis Anthonisz herausgegebene »Caerte van oostlant«. Aufgrund der in Küstennähe verlaufenden Handelsrouten war keine astronomische Navigation mit der Orientierung an den Gestirnen nötig, weshalb die Nutzung von Kompass und Peilgeräten wie Astrolabien und Quadranten erst für das 15. und 16. Jahrhundert im Bereich der Ostsee vermutet wird. Möglicherweise liegt mit einem hölzernen Gehäuse, das in der Stralsunder Jacobiturmstraße gefunden werden konnte, ein erster Nachweis eines einfachen Kompasses für das 16. Jahrhundert vor.

Aus dem Vorschiffbereich des Darßer Wracks stammt eine Laterne, die aus Kupferblech mit einem Lederüberzug aufgebaut war und das Licht von einer Kerze durch eine Tür aus dünn geschabtem Rinderhorn durchdringen ließ. Neben der Beleuchtung der Innenräume mag die Laterne auch zur Übertragung von Lichtsignalen gedient haben, die auf See über größere Entfernungen erkennbar sind. Zur Verständigung wurden überdies Hörner genutzt, was auf den Siegeln von Dover um 1300 sowie von Hythe und Winchelsa aus dem 13. Jahrhundert erkennbar ist. Fünf Hörner aus Bronze, Zinn und Keramik fanden Taucher allein auf dem Wismarer Reedeplatz, zwei weitere aus Kupferblech und Steinzeug stammen aus dem Wrack von Wismar-Wendorf.

Von großer Bedeutung für den Antrieb des Schiffes war das Rigg. Während bis ins 15. Jahrhundert ein

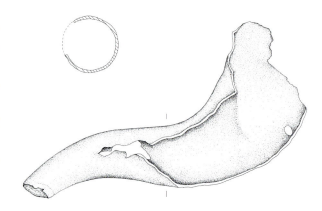

Zeichnung eines Horns aus dem Wismarer Hafen

Mast mit dem Rahsegel dominierte, wurden zunehmend zwei oder Dreimaster gefahren und neben dem Rahsegel fanden auf den Schiffen auch Spriet- und Lateinersegel Verwendung, was die Segeleigenschaften erheblich verbesserte. Kamen im 12. Jahrhundert auch noch Wollsegel zum Einsatz, so setzten sich mehr und mehr Leinwandsegel durch. Das Tauwerk an Bord konnte aus unterschiedlichen tierischen und pflanzlichen Fasern gefertigt sein. In einem auf etwa 1220 datierten Wrackfund aus dem Bereich der Bremer Schlachte konnte ein Moostau geborgen werden. Im Wrack der »Poeler Kogge« von 1369 und im Mukranwrack von 1565 gelang der Nachweis von Hanftauwerk. Im Schiffswrack von Kaarschau von 1130 und im Wrack der »Darßer Kogge« befand sich Lindenbasttauwerk. Überliefert ist auch die bevorzugte Verwendung von Schottauen aus Pferdehaar, da sich diese bei Reibung kaum erhitzen. Ebenfalls genutzt wurden Taue, die aus Lederstreifen geschlagen wurden. Über hölzerne Spannscheiben, die sogenannten Jungfern, wurden mit starken Tauen, den Wanten, die Masten abgespannt, die das stehende Gut bildeten. Ein System von Rollen, sogenannten Blöcken, diente dem Setzen des Segels und bildete das bewegliche Gut. Ein Teil der Besatzung war ständig mit der Bedienung des stehenden und beweglichen Gutes beschäftigt, da das Tauwerk sich bei Feuchtigkeit und Sonne dehnte bzw. zusammenzog und überdies Kursänderungen sowie Windwechsel schnelle Reaktionen erforderten.

Weitere wichtige Ausrüstungsbestandteile waren die Anker, von denen Schiffe vermutlich mehrere Exemplare mitführten. In der vor dem Gellen entdeckten Kogge konnten die Reste eines eisernen Stockankers gefunden werden, der sich auf eine Schaftlänge von 1,90 m, eine Breite zwischen den Armen von 1,40 m und auf eine Stocklänge von 1,75 m rekonstruieren ließ. Aus der »Bremer Kogge« stammt ein 3 m langer, noch unfertiger hölzerner Ankerstock.

Von großer Bedeutung für die Besatzung, aber auch für den wirtschaftlichen Erfolg einer Fahrt, war die Reisedauer, die nicht nur durch die Eigenschaften des Schiffes, sondern auch durch die Wetterverhältnisse beeinflusst wurde. Basierend auf der Auswertung verschiedener Quellen betrug z. B. die mittlere Reisezeit von Hamburg nach Flandern und zurück sieben Wochen. Für die Hin- und Rückreise von Hamburg nach Gotland benötigte ein Schiff etwa 12 Wochen.

Wichtige Rückschlüsse erlauben in diesem Zusammenhang die Untersuchungen der Fahrteigenschaften der nach dem Vorbild von Wrackfunden gebauten Repliken. Basierend auf dem Fund der »Bremer Kogge« entstand zwischen 1987 und 1991 deren detailgetreuer Nachbau in der westeuropäisch-friesischen

Die »Kieler Kogge« ist der originalgetreuste Nachbau der »Bremer Kogge« von 1380.

Bautradition, die auf den Namen »Kieler Kogge« getauft wurde. Fahrversuche zeigten, dass das Schiff bei einer Windstärke von 4 Beaufort eine Geschwindigkeit von 5,5 Knoten und bei 7 Beaufort etwa von 7 Knoten erreichen kann. Demnach benötigten Koggen mit vergleichbaren Eigenschaften von Lübeck nach Danzig 3 Tage, nach Riga 5 Tage, nach Wisby 3 ¼ Tage und nach Bergen 5 bis 6 Tage. Es zeigte sich, dass das Fahrzeug bis etwa 70° an den Wind gebracht werden konnte, danach beträgt die Abdrift durch den flachen Boden etwa 15 bis 20°. Ebenfalls ließ sich feststellen, dass die Kogge beim Segeln am Wind luvgierig wird, sodass das Ruder zum Ausgleich 15° in Lee gelegt werden muss. Für die erforderlichen Segelmanöver braucht es eine Besatzung von ca. 12 bis 15 Mann. Die berechnete Ladekapazität von 84 t konnte durch die Praxis bestätigt werden.

Mit der »Ubena von Bremen« und dem »Roland von Bremen« entstanden zwei weitere Nachbauten nach dem Vorbild des Wracks der »Bremer Kogge«. Nachbauten in dieser Bautradition sind überdies die 1997 entstandene »Kampener Kogge« als Replik des niederländischen Wrackfundes OZ 36 und die 2001 getaufte »Malmö-Kogge«, die auf dem Schiffsfund von Skanör basiert.

Es gibt verschiedene Repliken von Booten in der nordischen Klinkerbautradition aus dem 9. und 10. Jahrhundert, die auch für die Untersuchungen zur Hansezeit herangezogen werden können, da es zu jener Zeit Fahrzeuge mit annähernd identischer Konstruktion gab. Mit den Repliken »Bialy Kon« und »Tichy Kon« entstanden 1998 und 2000 zwei derartige Nachbauten. Ihre Fahrten zeigten, dass die 9,05 m langen und 2,54 m breiten Repliken mit einem 22 m² großen Wollsegel bei einer Windgeschwindigkeit von 6 Beaufort eine Geschwindigkeit von 8,9 Knoten erreichten. Die durchschnittliche Fahrtgeschwindigkeit über größere Distanzen betrug jedoch durch das Rudern und Kreuzen am Wind nur 2,4 Knoten.

Auf Grundlage des in das 13. Jahrhundert datierenden Gedesby-Schiffes wurde die »Agnete« gebaut, deren Fahreigenschaften seit 1995 getestet werden. Auch hier konnten ähnliche Werte wie bei den anderen Repliken festgestellt werden. Bei einer Windgeschwindigkeit von 6 Beaufort liegt die maximale Geschwindigkeit der »Agnete« bei 8,1 Knoten.

Die Routen der Schiffe der Hanse richteten sich in erster Linie nach den zu transportierenden Waren. Ein wichtiges Handelsgut war Fisch. In erster Linie wurden die sehr ergiebigen Heringsvorkommen vor Schonen ausgebeutet. Mit dem Nachlassen der Fänge vor der schwedischen Küste gewannen Fanggebiete vor Rügen und Helgoland an Bedeutung. Als Salzhering mit 1 000 Fischen pro Fass wurde der Hering über die Fischereivitten an der Küste von den Schiffen übernommen und in die Hafenstädte transportiert. Zur Konservierung des Herings und anderer Lebensmittel diente Salz. Der Pro-Kopf-Bedarf im Spätmittelalter

Packen eines Heringsfasses, Buchillustration

betrug schätzungsweise 15 kg jährlich. Das Salz wurde aus den Lüneburger Salinen bezogen und zu den Vitten transportiert. Im 15. Jahrhundert gewann Baiensalz an Bedeutung. Es hielt seine Bezeichnung nach der Bai von Bourgnot und bildete später allgemein den Begriff für französisches oder spanisches Meersalz. Von der französischen und spanischen Küste wurden auch die Westweine bezogen, die neben deutschen Weinen eine große Bedeutung in den Hansestädten besaßen. Der Pro-Kopf-Verbrauch an Wein wird zur Hansezeit auf etwa 250 l pro Jahr geschätzt. Über den westlichen Seeweg bezog man auch Tuche, deren Produktion im Niederrheingebiet und im Binnenland erfolgte. Neben Tuchen wurde mit dem Siegburger Steinzeug und der Weserware hochwertige Keramik verhandelt. Aus England kamen verschiedene Metalle und Kohle. Eine Hauptroute des hansischen Handels stellte der Handel mit Norwegen, die »Bergenfahrt« dar. Aus Norwegen wurden Butter und andere landwirtschaftliche Produkte, Pelze, Walrosszähne und im Besonderen Maße Klipp- und Stockfisch importiert. Der gesalzene und getrocknete Klippfisch oder der lediglich getrocknete Stockfisch wurde aus Kabeljau, Leng, Seelachs und Schellfisch hergestellt.

Neben dem Salzhering dienten Stock- und Klippfisch als wichtige Fastenspeise in ganz Europa und kamen von Bergen aus in die Häfen der Nord- und Ostseeküste. Die »Darßer Kogge« befuhr diese Route. Sie hatte, aus Norwegen kommend, Stockfisch, Rentiergeweihe, Wetzsteine aus Eidsborger Glimmerschiefer und ein Fass mit isländischem Schwefel an Bord. Das Schiff wurde zur Zeit der Hanse als Bergen- oder – aufgrund der erforderlichen Umsegelung von Kap Skagen – als Umlandfahrer bezeichnet.

Von der skandinavischen Ostseeküste bezog man neben den erwähnten Heringen und landwirtschaftlichen Produkten auch Holz und Bausteine. Kalksteine von den Inseln Gotland und Öland waren als Boden-

Stockfischreste. Stockfisch war die Hauptfracht der »Darßer Kogge« von 1313.

Bild unten: Rentiergeweihe, die sich ebenfalls im Wrack der »Darßer Kogge« fanden, waren ein Importgut der Hanse.

und Wandbelag in Kirchen und Patrizierhäusern begehrt und dienten auch zur Herstellung von Grabmonumenten und Architekturteilen jeglicher Art. Bruchkalk von der skandinavischen Küste bildete in den Hansestädten in gebrannter Form einen Grundstoff für Mörtel. Eine wichtige Drehscheibe des Handels nach Skandinavien und ins Baltikum war Wisby. Aus Novgorod und den östlichen Hansestädten kamen Holz, Honig, Asche, Harz, Pech und wertvolle Pelze. Einen Beleg für diesen profitablen Handel liefert das »Rigafahrergestühl« von 1360 aus der Stralsunder Nikolaikirche, das die Jagd und Gewinnung von Waldprodukten sowie den Handel zwischen russischen und Stralsunder Kaufleuten zeigt. Aus dem Hinterland der Hansestädte östlich der Elbe bezog man in großer Menge Getreide, das als Schüttgut oder zu Bier verarbeitet nach Skandinavien, Flandern, England und Schottland verschifft wurde. Aus dem Hinterland kamen, vor allem aus den sächsischen Bergbaurevieren, zahlreiche Metalle an die Küste und wurden dort in Barrenform oder als Fertigprodukte weiter gehandelt. Ein Wrackfund im Rostocker Seekanal förderte mehr als siebzehn gegossene dreibeinige Bronzetöpfe (Grapen), einen Leuchter, eine Schale, einen großen Kupferkessel, einen Wasserkasten mit Zapfhahn, neun Barren aus Kupfer bzw. Bronze sowie sechs Kannen, einen Becher, eine Schale und einen Teller aus Zinn zutage. Es ist zu vermuten, dass dies ein Teil der Ladung eines im 15. Jahrhunderts gesunkenen Handelsschiffes war.

Das Alltagsleben an Bord war wesentlich durch die Größe, die Aufgabe und das Einsatzgebiet des Fahrzeugs geprägt. Es gab erhebliche Unterschiede im Tagesablauf auf kleinen Fischerbooten, Leichterfahrzeugen oder Küstenseglern, die über geringe Distanzen nur stundenweise und mit kleiner Besatzung unterwegs waren, gegenüber seegehenden Schiffen.

Bei den großen Schiffen kann davon ausgegangen werden, dass an Bord gedeckte Bereiche zur Unterbringung der Besatzung existierten. In Anbetracht der »Darßer Kogge« lässt sich als Unterkunft für die Schiffsführung und mitreisende Kaufleute das Achterschiff mit dem Kastellaufbau vermuten, da hier sehr hochwertige, mit Eigentumsmarken versehene Gegenstände vorzufinden waren. Als Quartier diente aber anscheinend auch das Vorschiff, in dessen Resten sich Schuhe, Textilreste und eine Lederlaterne sowie eine räumliche Abtrennung mit Leisten fanden. Die räumliche Trennung dürfte soziale Abstufungen innerhalb der Besatzung widerspiegeln. Geschlafen wurde auf geflochtenen Strohmatten, die beispielsweise in einem niederländischen Wrackfund des 16. Jahrhunderts nachzuweisen waren.

Alle größeren Fahrzeuge des 14. Jahrhundert verfügten vermutlich über einen Herd. Während der mit Backsteinen ausgemauerte eiserne Kasten des Gellenwracks eine hochwertige Konstruktion darstellt, bestanden die meisten Schiffsfeuerstellen aus hölzernen, mit Sand gefüllten Kästen, in die Backsteine oder Fliesen eingesetzt wurden. Derartige Herdkonstruktionen konnten mit dem Wrack III von Stockholm, dem Schiffsfund von Vejby und dem Wrack von Wismar-Wendorf nachgewiesen werden. Ein Pendant ist in den vier spätmittelalterlichen niederländischen Schiffsfunden OZ 43, NZ 43, N5 und M 107 zu sehen. Die dokumentierten Herdkonstruktionen befanden sich im Achterschiff. Die Bereitung warmer Mahlzeiten an Bord erfolgte in dreibeinigen Bronzetöpfen. Belegbar ist auch der Einsatz von Kesseln aus getriebenem Kupferblech. Zur Aufbewahrung von fester und flüssiger Nahrung dienten Keramik- sowie geschnitzte und geböttcherte Holzgefäße. Die Schiffsführung aß von Zinntellern und mit Löffeln, während sich die Besatzung hölzerner Schalen, Teller und Löffel bediente.

Als Verpflegung kamen Rind- und Schweinefleisch, Geflügel und getrockneter Fisch auf den Teller bzw. in die Schale. In vielen Wrackfunden fanden sich auch Haselnusskerne, die die Seeleute als energiereiche Kost schätzten. Ganz sicher frischten die Besatzungen die Verpflegung bei Hafenliegezeiten durch Fischfang auf. Im Vorderschiff der »Darßer

Zinnflasche vom Darßer Wrack

Kogge« etwa waren Reste eines mit Bleigewichten beschwerten Netzes erhalten.

Die Kleidung der Besatzung dürfte aus winddichten Woll- und Leinensachen sowie lederner Oberkleidung bestanden haben. Auf zahlreichen spätmittelalterlichen Schiffsdarstellungen lässt sich bei Besatzungsmitgliedern die Gugel, ein kapuzenähnliches Kleidungsstück erkennen, das vielfach fest mit einer Jacke oder einem Mantel verbunden ist. In Wracks fanden sich neben Kleidungsresten aus Wollstoffen leichte Lederschuhe und Stiefel. Auch persönliche Habe von Besatzungsmitgliedern blieb unter Wasser erhalten. Das Geschirr an Bord und auch Werkzeuge zeigen verschiedentlich Eigentumsmarken. Im Wrack von Wismar-Wendorf zeugten Würfel und Spielsteine sowie eine Flöte von Möglichkeiten, sich an ruhigeren Tagen die Zeit zu vertreiben. Von der Religiosität an Bord kündeten beim gleichen Wrack die Perlen eines Rosenkranzes und ein Pilgerzeichen, das die drei wundertätigen Hostien von Wilsnack zeigt, die im Spätmittelalter in Wallfahrten verehrt wurden. Das Pilgerzeichen war im Kielbereich deponiert und sollte dem Schiff vermutlich Glück bringen.

Die harte Arbeit, das Leben mit der Enge an Bord, Stürme und andere Witterungsunbilden führten zu einer psychologischen Belastung der Besatzung. Wiederholt ist auf spätmittelalterlichen Bildquellen Seekrankheit dargestellt. Die Lebensverhältnisse auf Schiffen dürften auch häufig zu dauerhafter Erkrankung und zum Ausbruch von Seuchen geführt haben. Die tägliche Arbeit an Bord barg zudem umfangreiche Verletzungsgefahren. Zeitgenössische Schiffbruchsdarstellungen zeigen die Angst vor Ereignissen, die für die Kaufleute einen erheblichen Verlust bedeuten und für die Besatzungen lebensbedrohlich sein konnten.

In den verschiedene Seerechten, wie dem Hamburger Schiffsrecht von 1292, dem Lübecker Schiffsrecht von 1299 oder der als »Rôles d'Oléron« bekannten Rechtssammlung, sind die Gebräuche und Gewohnheitsrechte an Bord festgehalten. Sie regelten das Leben auf den Schiffen während der Fahrt und der Hafenliegezeiten und gaben Verhaltensanweisungen bei »Haverei«, dem Auftreten von Havarien. Neben Wrackfunden geben die erhaltenen Rechtsquellen zu Havarien bzw. »Seewurf« ein anschauliches Bild von den Gefahren der hansischen Schifffahrt. Sie sind zahlreich in Archiven erhalten, da vielfach beim Verlust von Ladung und Schiff Schadensersatzforderungen geltend zu machen waren.

In den Quellen sind verschiedene Methoden benannt, um den Totalverlust von Schiff und Ladung zu verhindern. Dazu gehören der »Mastwurf«, mit dem Kappen des Mastes oder der »Seewurf« mit dem Überbordwerfen von Ladung. Halfen diese Maßnahmen nicht und das Schiff sank oder strandete, dann galt es, die Ladung und das Schiff zumindest teilweise zu retten bzw. zu verwerten. Die Hansestädte bemühten sich um Privilegien entlang der Küste, um ihr Eigentum zu schützen und sicherten Ansprüche auf Bergelohn zu, wenn Besatzung oder Küstenbewohner das Gut von havarierten Schiffen retteten. Neben den schriftlichen Belegen künden verschiedene Schiffs-

Hafenszene mit einer vor Anker liegenden Kogge aus dem Wismarer Rathauskeller, 15. Jahrhundert (Detail)

funde, wie das Poeler Wrack (1369), das Gellenwrack (1378) und auch der Wrackfund von Wismar-Wendorf von den Anstrengungen, die Ladungen und verwertbaren Teile der Wracks zu bergen, wobei nicht belegbar ist, ob dies jeweils im Sinne der Eigentümer oder aber gegen ihre Interessen geschah.

Bergung eines eisernen Stabringgeschützes mit Lafette von einem Wrack aus dem Jahr 1565 vor Mukran

Seekriege der Hanse

Bei der Betrachtung der militärischen Aktivitäten der Hanse sind verschiedene Besonderheiten zu berücksichtigen, die im Wesen des Städtebündnisses begründet liegen. In erster Linie waren die Hanse und die in ihr vereinten Städte an einem umfassenden und störungsfreien Handel zur See und auch auf dem Lande interessiert. Zu Sicherung des Handels bemühten sich die Hansekaufleute innerhalb ihres Handelsgebietes um Privilegien von den jeweiligen Landesherren. Die in schriftlichen Verträgen festgeschriebenen Vergünstigungen umfassten in erster Linie die persönliche Sicherheit der Kaufleute und ihrer Waren. Daher erstreckten sich die Privilegien auch auf die befrachteten Schiffe und deren Besatzungen. Neben der Befreiung von steuerlichen Abgaben bestand auch ein wesentliches Bestreben darin, das Strandrecht aufzuheben. Die Kaufleute wollten einen Anspruch auf das gestrandete Schiff mit seinen Waren behalten, das sonst dem Landesherren zufiel oder von der Küstenbevölkerung geplündert wurde. Die Einrichtung von Handelskontoren als exterritorialen Gebieten stellte eine weitere wichtige Zielsetzung bei der Erlangung von Privilegien dar.

Die Vergabe der Vergünstigungen belebte die Wirtschaft in den Ländern im hansischen Einflussgebiet, sodass das Wirken der Hanse vielfach umfassend durch die Landesherren unterstützt wurde. Der wirtschaftliche Erfolg brachte für die Städte im Bündnis einerseits wachsenden politischen Einfluss, führte allerdings auch dazu, dass die Fürsten stärker an den Erträgen teilhaben wollten. Die darauf zielenden landesherrlichen Aktivitäten reichten von einer Neuverhandlung der Privilegien über das Einbehalten von Schiffen und Waren bis hin zur Ausweisung der Kaufleute.

Die Hansekaufleute waren in ihren Reaktionen immer auf den »Kosten-Nutzen-Faktor« bedacht, versuchten also, Privilegien nicht nur wieder zu erlangen, sondern auch zu verbessern. Außer politischem Verhandlungsgeschick stellten Blockaden hierzu ein wirkungsvolles Mittel dar. Durch ihre Monopolstellung zog ein Handelsboykott der Hanse für manche Regionen häufig katastrophale Folgen nach sich und zwang die entsprechenden Landesherren zum Einlenken.

Auf militärische Aktivitäten griff das Bündnis zurück, wenn Verhandlungen und Handelsboykott nicht fruchteten oder wenn durch Übergriffe auf die Kontore und Schiffe mit gravierenden Verlusten zu rechnen war. Mehrfach erforderte das geschlossene Auftreten der Hansestädte langwierige interne Beratungen, sodass von der Ursache eines Konfliktes bis zur militärischen Aktion einige Zeit vergehen konnte. Vielfach wurden Bündnisse im Kriegsfall nur von einzelnen Hansestädten getragen, für die der Ausgang von besonderem Interesse war. Dabei wurden kriegerische Einsätze manches Mal sogar von anderen Hansestädten durch die Weiterführung der Handelskontakte zu den Gegnern untergraben.

Bewaffnete Auseinandersetzungen zwischen den Hansestädten allerdings waren eine Ausnahme, die ihre Ursache in wirtschaftlicher Konkurrenz hatte. Beispielsweise erfolgte 1249 ein Überfall der Lübecker auf Stralsund, und die Hansestadt Rostock versenkte 1395 in einem Seegatt bei Wustrow mehrere ausgediente Koggen, um das aufstrebende Ribnitz an der Recknitzmündung vom Seeverkehr abzuschneiden. Bei Grabungen stieß man 1719 auf die Überreste dieser Schiffssperre.

Der folgende Abriss hat diejenigen Auseinandersetzungen zum Thema, die die Hanse zur Wahrung ihres Handelsmonopols auf der Ost- und Nordsee führte. Mit der für eine Koalition aus norddeutschen Fürsten, dithmarschen Bauern und Lübecker Bürger siegreichen Schlacht von Bornhöved scheiterte 1227 der Versuch Dänemarks, eine Großmachtstellung in dieser Region einzunehmen. Der Sieg schuf eine wichtige Grundlage für die erfolgreiche Entwicklung der Hansestädte entlang der Ostseeküste. Hamburg und Lübeck schlossen 1230 und 1241 Bündnisse zum Schutz ihrer Handelsstraßen. Lübeck, Rostock und Wismar unterzeichneten zwischen 1259 und 1264 mehrere Verträge zum Schutz der Schifffahrt und legten Maßnahmen für das Vorgehen im Kampf gegen Seeräuber fest. Mit dem Rostocker Landfriedensbündnis von 1283 schlossen Lübeck, Wismar, Rostock, Stralsund, Greifswald, Stettin, Demmin und Anklam ein Schutzbündnis – mit Billigung ihrer Landesherren. Darauf aufbauend, können sich diese Städte bei der Wahrung ihrer Sicherheitsinteressen zeitweise weiter emanzipieren. In der Folge werden zur Sicherung der Handelswege weitere Bündnisse mit neu hinzukommenden Städten geschlossen. Durch Handelsboykott setzten sich die Hansestädte 1282 erfolgreich gegen Brügge und 1284 gegen Norwegen durch. Auch in den Jahren 1358 bis 1360 griff die Hanse gegen Flandern zu dem bewährten Mittel einer Handelssperre.

Die Hanse war nicht nur mit den Machtbestrebungen der lokalen Landesherren, sondern auch mit Einflussnahmen und Interessen des dänischen Königtums konfrontiert. Von 1311 bis 1317 bedrängte eine dänisch-norddeutsche Fürstenkoalition die wendischen Hansestädte Wismar, Rostock, Stralsund und Greifswald. Während diese Koalition 1316 in Kämpfen vor Stralsund scheitert, stellt sich die Si-

In der **Schlacht bei Bornhöved** besiegte ein deutsches Koalitionsheer am 22. Juli 1227 den dänischen König Waldemar II. Dadurch zerbrach dessen Vorherrschaft an der Ostsee. Bis auf Rügen fielen alle dänischen Eroberungen zurück an das Heilige Römische Reich.

tuation 50 Jahre zunächst ganz später anders dar. Waldemar IV. (Atterdag) eroberte 1360 Schonen, ein Jahr darauf Gotland und behauptet sich gegen eine hansische Flotte, die im Mai 1362 vor Kopenhagen und Schonen landet. Zur Finanzierung dieses Krieges erhebt die Hanse einen Pfundzoll. Erst in einem zweiten Krieg (1367–1370), in dessen Verlauf im Frühjahr 1368 Kriegsschiffe der Hanse vor Kopenhagen, Helsingborg, Langeland, Moen und Falster festmachen, unterliegt Waldemar. Im Stralsunder Frieden gab die Hanse ihre Eroberungen nur gegen gesicherte Handelsprivilegien auf, behielt auf 15 Jahre die Kontrolle über wichtige dänische Burgen und hatte fortan sogar ein Einspruchsrecht bei der Wahl des Königs durch den dänischen Reichsrat. Der Einsatz von 37 Schiffen und 2000 Bewaffneten, die das Handelsbündnis in die Auseinandersetzung geschickt hatte, machte sich bezahlt: Der erfolgreich geführte Seekrieg leitet die »Blütezeit der Hanse« ein.

Nach dem Tod Waldemar IV. im Oktober 1375 beanspruchte Waldemars Tochter Margarete für ihren Sohn Olaf IV. die Thronfolge gegen den erbberechtigten Albrecht IV. von Mecklenburg. Als Ehefrau Håkon VI. von Norwegen verfügte sie über besonderen Einfluss in Skandinavien. Die Krönung erfolgte gegen den Willen der Mecklenburger und Kaisers Karl IV., aber mit Zustimmung der zur Mitsprache berechtigten Hanse. Nun rüsteten die Mecklenburger Kaperfahrer aus, zumeist Adlige aus dem eigenen Land, die den Handel nach Dänemark empfindlich störten. Im Gegenzug bewaffnete die Hanse »Vredenschepe« – »Friedensschiffe«. Allerdings kam es innerhalb des Handelsbündnisses zu Konflikten, da Städte wie Rostock und Wismar den Verkauf von gekaperten Waren gestatteten. Erst nach dem Tod Albrecht II. von Mecklenburg im Februar 1379 beendete sein Sohn Albrecht III., König von Schweden, den Konflikt durch Waffenstillstandsverhandlungen.

Auch nach dem Tod Håkon VI. kam es zu Streitigkeiten um die Privilegien der Hanse, wobei Königin Margarete ebenfalls Kaperfahrer einsetzte. 1385 gab die Hanse schließlich die von ihr seit dem Stralsunder Frieden verwalteten Schlösser Skanör, Falsterbo, Helsingborg und Malmö an Dänemark zurück und erhielt im Gegenzug durch Dänemark ihre Handelsprivilegien bestätigt. Allerdings betätigten sich verschiedene Kaperfahrer nun ohne landesherrliche Befugnis weiterhin als Piraten. Die Hanse reagierte durch eine Strafexpedition. Der Stralsunder Wulf Wulflam erhielt eine beträchtliche Geldsumme zur Ausrüstung einer Kogge mit 100 Bewaffneten. Lübeck, Wismar, Rostock und Stralsund stellten zudem vier Schniggen. Die Stralsunder fingen 1391 über *hundert zeerowere*, die bis zu ihrer Enthauptung in Bierfässern gefangen im Hafen aufgestapelt wurden.

In jenen Jahren waren aber auch wieder landesherrlich beauftragte Kaperfahrer unterwegs. Mit dem Tod Olaf IV. hatte seine Mutter Margarete neben ihrer bis-

Margarethe I. (1353 – 1412) herrschte in Dänemark, Norwegen und Schweden und begründete damit die Kalmarer Union, welche die drei Königreiche zwischen 1397 und 1523 vereinte. Margarete I. gilt als eine der herausragenden politischen Persönlichkeiten des Mittelalters .

herigen Herrschaft in Norwegen mit schwedischer Unterstützung auch die dänische Krone beansprucht. Albrecht III., der dagegen mit einem in Mecklenburg ausgerüsteten Heer auszieht, erleidet bei Falköping eine Niederlage und gerät mit seinem Sohn Erich in Gefangenschaft. In einem weiteren Kriegszug stellt nun Herzog Johann von Stargard, ein Onkel Albrechts, in umfangreichem Maße Kaperbriefe aus. Während die Hanse als Ganzes versucht, Neutralität zu wahren, stehen die Hafenplätze von Rostock und Wismar sowie Ribnitz den Kaperfahrern offen. Im März 1394 werden über 1200 Vitalienbrüder auf dem Reedeplatz der Gollwitz unweit Wismars gezählt. Möglicherweise kommt die Bezeichnung *fratres vitalienses* oder Vitalienbrüder von der Tätigkeit dieser Männer als Sperrbrecher bei der Versorgung des belagerten Stockholm mit Viktualien. Eine andere Deutung ist ihre Selbstversorgung mit Lebensmitteln und die damit manifestierte Unabhängigkeit.

Die Vitalienbrüder brachten auch zunehmend Schiffe von Hansestädten auf, die sie nicht unterstützten. Im April 1393 überfielen sie mit 18 Schiffen und 900 Bewaffneten unter Führung Johann II. und Johann IV. von Stargard das norwegische Bergen und trafen so Margarete und den hansischen Handel empfindlich. Die Schifffahrt auf der Ostsee kam fast völlig zum Erliegen. Daher beschlossen die Hansestädte am 3. März 1394, zur Befriedung der Handelswege 36 Koggen und vier Rheinschiffe einzuset-

Der Deutsche Orden ging aus einem 1190 im Heiligen Land gegründeten Hospital hervor. Seine Mitglieder wirkten im 13. Jahrhundert entscheidend an der deutschen Ostkolonisation mit und gründeten im Baltikum den Deutschordensstaat.

zen. Jeder Kogge waren noch eine Schnigge und eine Schute zur Begleitung zugeordnet. Mit dem Friedensschluss von Skanör und Falsterbo vom 20. Mai 1395 besiegelten Dänemark, Mecklenburg, der Deutsche Orden und die Hanse die Einstellung des Konfliktes. König Albrecht wurde freigelassen und die Stadt Stockholm als Pfand der Hanse übergeben. Wismar und Rostock wurde die Aufnahme der Vitalienbrüder versagt, die sich nun nach Gotland und in die Nordseeregion zurückzogen.

Zur Vertreibung der Vitalienbrüder von der Ostsee rückte der Deutsche Orden im Februar 1398 mit 84 Schiffen und 4000 Bewaffneten erfolgreich gegen Wisby vor.

Waren die Vitalienbrüder in ihrer Anfangszeit meist durch Adlige aus Mecklenburg, Pommern oder Holstein geführt worden, so traten zum Ende des 14. Jahrhunderts auch Bürger oder entlaufene Mönche an diese Stelle. Ab 1398 taucht die Bezeichnung *Likedeeler* – Gleichteiler – auf, die ein interessantes Zeugnis für eine bruderschaftliche Sozialstruktur liefert.

Klaus Störtebeker, einer der Hauptleute der Vitalienbrüder bzw. Likedeeler, genießt als legendäre Gestalt noch heute große Bedeutung. Ein erstes Zeugnis zur realen Figur gibt das Wismarer Verfestungsbuch von 1380. Zwei Bürger wurden der Stadt verwiesen, weil sie *nikola stortebeker* angegriffen hatten. In einer englischen Klageakte taucht der Name erneut auf. Hier heißt es: *Item in the yeere 1394 one God-*

128

dekin Mighel, Clays Scheld, Storbiker and others tooke out of a ship of Elbing. Mit dem Verlust von Gotland zog es Störtebeker wie viele seiner Kameraden in die Küstenregion der Nordsee, wo sie Aufnahme durch die friesischen Häuptlinge und den Grafen von Oldenburg fanden. Möglicherweise war Störtebeker mit der Tochter des friesischen Häuptlings Keno ten Broke verheiratet. Durch den Druck der Hansestädte verloren die Vitalienbrüder diese Operationsbasis. Ein Teil zog sich nun nach Norwegen zurück, ein weiterer wurde laut Vertrag vom 15. August 1400 unter den Schutz von Herzog Albrecht I. von Bayern und Graf von Holland und Hennegau gestellt. – Unter den Vitalienbrüdern wird auch ein Johann Stortebeker erwähnt. Vermutlich waren Nikola oder Klaus und Johann Störtebeker ein und dieselbe Person.

Im Februar 1400 beschlossen die Städte Elbing, Stralsund, Rostock, Wismar, Hamburg, Bremen, Harderwyk, Zutphen, Deventer und Kampen/Lübeck zur Sicherung der Ostsee zwei große und ein kleines Schiff mit 127 Bewaffneten sowie für die Nordsee 11 Koggen mit 950 Bewaffneten auszurüsten. In der Ems konnten einige Vitalienbrüder gestellt werden, weitere im Spätsommer 1400 vor Helgoland, die den Englandhandel stören wollten. Es wurden 40 Seeräuber getötet und etwa 80 gefasst, die am 20. Oktober 1400 auf dem Grasbrook in Hamburg hingerichtet wurden. Ob Störtebeker in diese Kämpfe verwickelt war, lässt sich nicht eindeutig belegen. Die ebenfalls

Galgen bei Wisby

herausragenden Likedeeler Gödeke Michels und Magister Wigbold wurden nachweislich 1401 durch drei Hamburger Schiffe in der Wesermündung gestellt und mit weiteren gefassten Seeräubern auf dem Grasbrook enthauptet. Zur Abschreckung wurden ihre Schädel mit eisernen Nägeln auf Pfähle geschlagen. Möglicherweise entging Störtebeker diesem Schicksal, denn 1405 wird ein Johann Störtebeker vor Gericht aktenkundig. In Danzig erhält er eine Geldstrafe, da er einen Handelsboykott gegen England missachtet hat. Im selben Jahr wird eine Person gleichen Namens als Schiffer auf einer Holk, der ein Schiff überfallen hat, in einer englischen Klageakte erwähnt.

Nach der weitgehenden Zerschlagung der Piraterie auf der Ost- und Nordsee hatte sich die Hanse anderen Herausforderungen zu stellen. Im ersten Viertel des 15. Jahrhunderts kam es zu innerstädtischen Auseinandersetzungen, meist zwischen den wohlhabenden Kaufleuten mit Einfluss in den lokalen Räten und der aufstrebenden Handwerkerschaft, die nach mehr Beteiligung in der Politik drängte. Zudem kam es zu einem weiteren Krieg mit Dänemark. Erik von Pommern war seit 1412 alleiniger König der Kalmarer Union mit den drei Königreichen Norwegen, Schweden und Dänemark. Er beanspruchte das Herzogtum Schleswig, das an die Grafen von Holstein verlehnt war und versuchte, dafür die Unterstützung der Hansestädte zu gewinnen. Lübeck und Hamburg fühlten sich jedoch durch die Ansprüche auf Schleswig bedroht und schlossen am 24. Juni 1426 ein Schutzbündnis mit Lüneburg, Wismar, Rostock und Stralsund. Dem folgte am 17. Oktober 1426 die Kriegserklärung Eriks. Anfang April 1427 landete die hansische Flotte aus 15 größeren und vielen kleineren Schiffen auf Bornholm und erzwang Kontributionen in Höhe von 10 000 Mark Silber. Mit 36 Schiffen und 8 000 Bewaffneten wandte sich die Flotte im Juli dem Öresund zu, um diesen zu kontrollieren. Das Unternehmen scheiterte und endete mit einer katastrophalen Niederlage. 1428 beschließt die Hanse einen

Angriff mit 6 800 Bewaffneten auf Kopenhagen und schafft es durch die Versenkung von 40 Schiffen, den Hafen und damit einen Teil der dänischen Flotte zu blockieren. Beide Seiten setzen im Konflikt wieder Kaperschiffe ein. Schiffe der wendischen Städte plündern und brandschatzen zudem Bergen im Juli 1428 und im Frühjahr 1429. Die Gegenseite überfällt im Mai 1429 mit 70 Schiffen und 1 400 Bewaffneten Stralsund, erobert bzw. versenkt zahlreiche Schiffe und beschießt den Hafen. Wegen ungünstiger Windverhältnisse können die Dänen allerdings die Gewässer südlich von Rügen nicht verlassen und segeln erneut durch den Strelasund. Nun sind die Stralsunder vorbereitet und können die gegnerische Flotte erheblich dezimieren. Der Schock des zunächst erfolgreichen Überfalls auf Stralsund war möglicherweise auslösend für den Bau einer Verteidigungsanlage im Wismarer Hafen, an der Engstelle zwischen Grasort und Wendorf. Nach dendrochronologischen Analysen wurde hier im Jahre 1429 ein Pfahlsperrwerk angelegt.

Nach Verhandlungen kam es 1432 zum Waffenstillstand und am 17. Juli 1435 zum Frieden von Vordingborg, der die Privilegien der Hansestädte bestätigte. Allerdings blieb der 1429 durch Erik erhobene Sundzoll bis 1857 bestehen, der eine Haupteinnahmequelle des dänischen Königreiches darstellte.

Im Krieg gegen Holland (1438 – 1441) stellte sich die Hanse der in den Ost- und Nordseeraum drängen-

---

Der **Sundzoll** war eine 1429 durch König Erik VII. von Dänemark eingeführte Abgabe, die nicht-dänische Schiffe beim Durchfahren des Öresunds zahlen mussten. Er bot wiederholt Anlass für Konflikte, u. a. mit der Hanse.
Auf dem Gelände des **Stalhofes** am Nordufer der Themse unterhielten die Hansekaufleute in London ihre Niederlassungen.

130

den Konkurrenz holländischer Kaufleute. Der auf beiden Seiten rücksichtslos geführte Kaperkrieg fand im Vertrag von Kopenhagen sein Ende, in dem 1441 ein auf zehn Jahre befristeter Waffenstillstand ausgehandelt wurde. Die Hanse musste den Holländern Handelsfreiheit einräumen.

Ähnlich Gründe hatte ein Krieg gegen England. 1447 entzog der britische König der Hanse ihre Privilegien, weil diese englischen Kaufleuten den Ostseehandel erschwerte. Auch dieser Konflikt weitete sich zum Kaperkrieg aus, der 1456 durch einen Waffenstillstand unterbrochen wurde, jedoch wieder aufflammte, als Ausliger aus Danzig im Auftrag des dänischen Königs englische Schiffe überfielen. Zur Vergeltung wurde im Frühjahr 1469 der Stalhof überfallen und geplündert. Nun verhängte die Hanse eine Handelssperre über die englischen Häfen. Im Utrechter Frieden von 1474 wurden die Privilegien der Hanse wiederhergestellt, der Stalhof wieder für die Hanse geöffnet und die Städte mit 10 000 englischen Pfund entschädigt.

1509 folgt ein erneuter Krieg gegen Dänemark und Holland. Die nordischen Reiche empfinden die hansischen Privilegien als für den eigenen Handel hinderlich, zumal sie in der holländischen und englischen Konkurrenz bessere Handelspartner vermuten. An dem Konflikt nahmen Lübeck, Lüneburg, Wismar, Rostock und Stralsund teil, während sich Danzig und die preußischen Städte heraushielten.

Reste des äußeren Pfahlsperrwerks im Wismarer Hafen

Die gegnerischen Parteien versuchten, ihre Handelswege durch Kriegsschiffe zu schützen. Zudem fanden Anlandungen statt, etwa im September 1509 auf Bornholm seitens der Hanse. Im Gegenzug griff eine dänische Flotte am 1. Juni 1510 mit 20 Schiffen Travemünde an. Durch die Küstenverteidigung der Lübecker konnte der Angriff abgewehrt werden, so dass sich die Flotte Wismar zuwandte. In einem Überraschungsangriff auf die damals von der Pest heimgesuchte Stadt konnten Dörfer im Umfeld verwüstet und 14 unbemannte Schiffe im Hafen versenkt bzw.

entwendet werden. Möglicherweise stehen mit diesen Ereignissen zwei Schiffe im Zusammenhang, die bei Tauchsondierungen im Wismarer Hafen entdeckt wurden. Vor dem erwähnten Pfahlsperrwerk am Hafeneingang fand sich eine scharf gebaute, geklinkerte Schnigge. Mit zahlreichen Ästen beladen, die beim Angriff angezündet wurden, war diese als »Brander« gegen die hölzerne Hafenbefestigung gelenkt worden. Eventuell durch die Dänen versenkt wurde ein Wrack vor Wismar-Wendorf. Das Fahrzeug würde mit seiner Erbauungszeit wie auch die Schnigge in die Jahre des Konfliktes passen. Von Bord geborgene Gegenstände, wie hochwertige Zinnteller, Holzgeschirr, Spielsteine und Proviant wären im Falle eines gewöhnlichen Abwrackens garantiert von Bord genommen worden. Am 23. April wurde der Krieg 1512 im Friedensvertrag von Malmö beendet. Die Hanse erhielt ihre Privilegien zurück, musste aber mit 30 000 rheinischen Gulden die dänischen Kriegskosten tragen und dänischen Kaufleuten fortan freien Zugang zu ihren Häfen gewähren.

Das 16. Jahrhundert bringt weitere Kriege mit Dänemark. Von 1522 bis 1524 geht die Hanse eine Koalition mit dem um Unabhängigkeit von Dänemark kämpfenden Schweden ein, wobei die hansische Seite eine Abgabenminderung gegenüber Dänemark durchsetzen will. Die beteiligten Städte erreichen tatsächlich die Erneuerung ihrer Privilegien. Lübeck erhielt für vier Jahre die Einkünfte der Insel Gotland und die Insel Bornholm für 50 Jahre als Pfandbesitz. In einem weiteren Konflikt (1534 – 1536) versuchte Lübeck seine Privilegien in den nordischen Reichen zu behaupten und zu erweitern und zugleich die holländische Konkurrenz aus der Ostsee fernzuhalten. Die unrealistischen Forderungen Lübecks führten zu einer Annäherung zwischen Dänemark, Schweden, Holland, Preußen und Schleswig-Holstein. 1535 schlug eine dänisch-schwedische Flotte die Lübecker im Svendborgsund. In den Friedensverhandlungen vom 14. Februar 1536 erkannte Lübeck Christian III. als König von Dänemark an. Die hansische Seeherrschaft im Bereich der Ostsee ging in diesem letzten Seekrieg nun endgültig verloren. Die meisten Hansestädte stellten ihren eigenen wirtschaftlichen Vorteil inzwischen klar über die Bündnistreue.

Nach dem Tod Gustav I. Vasa von Schweden und Christian III. von Dänemark eskalierte der Konflikt um die Macht in den drei nordischen Königreichen erneut. Die Kontrahenten waren diesmal Erik XIV. von Schweden (1533 – 1577) und Friedrich II. von Dänemark (1534 – 1588). Sie manifestierten ihre Ansprüche durch die drei nordischen Kronen, die beide Monarchen in ihren Wappen führten. Lübeck schloss sich im sogenannten Dreikronenkrieg ohne größeren Rückhalt in der Hanse Dänemark an, weil Schweden den Russlandhandel behinderte. Im Verlauf des Krieges kam es zu verschiedenen Seegefechten, u. a. zur Schlacht vom 30. Mai 1564 zwischen Öland und

Gotland, bei dem es den Lübeckern gelang, das schwedische Flaggschiff »Makelös« zu erobern, das jedoch kurz nach dem Entern infolge einer Explosion versank. Weitere Gefechte erfolgten am 12. Juli vor Warnemünde und am 14. August erneut zwischen den Inseln Öland und Gotland. Am 21. Mai 1565 schlossen sich Seeschlachten an der Ostküste der Insel Rügen an. Eines der in jenem Gefecht versenkten Schiffe entdeckten Marinepioniere vor Mukran südlich von Sassnitz. Das Wrack hat große Bedeutung, da es für den Ostseeraum einen reinen Kriegsschiffbau belegt, der durch Kraweelbauweise und den Einbau von Stückpforten für Kanonen gekennzeichnet war.Der erhaltene Schiffskörper ist 18 m lang und 7 m breit. Das Schiff verfügte über eine kraweele Außenhaut. Verschiedene Details an den Planken und Spanten geben Aufschluss, dass es in der Schalenbauweise gefertigt wurde. Aus diesen Konstruktionsdetails und der Gesamtheit der erhaltenen Schiffskonstruktion lässt sich folgende ungewöhnliche Bauart rekonstruieren: Auf den Kielbalken mit einem Querschnitt von 35 cm wurde der mit einer Rundung aufsteigende Vordersteven angesetzt. Der Achtersteven bestand aus vier zusammengesetzten Hölzern, die in einem rechten Winkel vom Kiel aus steil nach oben anstiegen. Kurz vor dem Achtersteven verfügte der Kielbalken über einen kleinen Absatz und eine ausgearbeitete Sponung für den ersten Plankengang. Die Außenplanken hatten eine Breite von ca. 45 cm

und eine Stärke von 3 bis 5 cm. Auf einen Plankengang wurde mittels Zwingen und aufgenagelter Verbindungsbrettchen (Bauklampen) der jeweils nächste Gang aufgebracht. Der flache Rumpf verfügte an den Auflangern über eine runde Form. Beim Einsetzen der bis zu 40 cm breiten und 20 cm starken Spanten wurden die Klampen zwischen den Plankengängen entfernt und die Nagellöcher mit kleinen Holzdübeln abgedichtet. Als erste Spantenteile setzte man die Bodenwrangen in einem Abstand von 20 cm über dem Kiel und den Planken ein. In einfachen, glatt abschließenden Stößen wurden die Auflanger auf die Bodenwrangen gesetzt. Sie verliehen durch die Gesamtkonstruktion den Seitenwänden des Schiffes Stabilität. Das Einsetzen der Spanten war mit dem Abdichten der Plankennähte durch Kalfatbrettchen gepaart, welche über Aussparungen in die Spanten eingepasst und befestigt wurden. Die Verbindung der Planken und Spanten erfolgte über bis zu 3,5 cm starke konische Hartholznägel, die durch die Außenhaut eingeschlagen wurden.

Über den Bodenwrangen wurde das Kielschwein mit dem Kielbalken verbolzt. Das erhaltene Kielschweinteil hat eine Länge von etwa 10 m, eine Breite von 30 cm und eine Stärke von 25 cm. Es verfügt über drei Aussparungen mit einer Länge von 20 bis 40 cm, in die Masten eingesetzt waren bzw. die auch Deckträger enthalten haben können. Auf die Bodenwrangen wurde die Innenbeplankung, die Wegerung, aufgesetzt. Im Mittschiffsbereich bestand diese, vom Kielschwein ausgehend, abwechselnd aus 12 bis 20 cm breiten und ca. 3 cm starken Kiefernplanken sowie 35 bis 45 cm breiten Eichenplanken mit einer Stärke von etwa 5 cm. Die unterschiedliche Dicke der Wegerung erlaubte es, Wasser abzuleiten.

Auf der Backbordseite des Wracks befindet sich zwischen dem ersten und zweiten Plankengang der Wegerung eine Aussparung mit abgesenkten Brettchen und einem Loch. Diese Konstruktion diente vermutlich als Wasserabfluss von der Wegerung in die Bilge. Spuren einer Pumpe konnten hier nicht festgestellt werden. Eine freiliegende Bodenwrange im Achterschiff verfügt über zwei halbrunde Aussparungen neben dem Kielschwein. Eventuell befand sich in der ursprünglich darüber liegenden Wegerung ein ähnlicher Abfluss. Alle Bodenwrangen haben neben dem Kiel ein bis zwei Durchflüsse für das Bilgenwasser. Im Gegensatz zum Mittschiffsbereich ist die Wegerung im Vorschiff sehr einfach ausgeführt. Dort sind neben dem Kielschwein zwei roh bebeilte Kiefernstangen eingelegt, denen sich Eichenplanken anschließen. Im weiteren Verlauf befinden sich zwischen den Eichenplanken lose eingelegte Fassdauben. Zwischen Vor- und Mittschiff ragen aus Ballaststeinen auf der Backbord- und Steuerbordseite vertikal zwei hölzerne Stützen hervor, die ohne Verbindung zu den Spanten und der Wegerung sind. Eventuell handelt es sich hier um die Reste einer einfachen Abschottung oder um Höl-

zer zum sicheren Stauen der Steine. Im Achterschiff konnten Spuren von Reparaturen festgestellt werden. Beschädigte Stellen am ersten und am fünften Plankengang der Steuerbordseite waren ausgebeilt und mit eingepassten Brettchen verschlossen. Als Dichtmaterial diente dabei Baumbast. Derartige Arbeiten am Unterwasserschiff konnten nur mit großem Aufwand vorgenommen werden.

Die grundlegende Konstruktion des Mukranwracks besteht aus Eichenholz, lediglich Teile der Wegerung sind aus Kiefer gefertigt. Alle Schiffsteile sind durch konische Hartholznägel verbolzt. Eisennägel waren nur vereinzelt an der Kielkonstruktion und der Wegerung feststellbar. Die Hölzer wurden um 1535 gefällt, ihre Herkunft ist in der Nähe der damaligen Abtei Reinfeld zu vermuten, wo sich die Ratswaldungen Lübecks befanden.

Im Vorschiff fand sich eine größere Anzahl von Kanonenkugeln aus Blei und aus Gusseisen. Die Querschnitte der geborgenen Geschosse lassen vermuten, dass es an Bord mindestens vier Kanonen mit verschiedenen Kalibern gab. Im Achterschiff wurde eine große Anhäufung von Bleigranulat lokalisiert, das unter Hitzeeinwirkung geschmolzen und dann ins Wasser getropft sein dürfte. Spuren großer Hitzeeinwirkung konnten auch an verschiedenen undefinierbaren Kupfer, Bronze- und Bleiteilen festgestellt werden, die im Umkreis der Wrackstelle lagen. An der Backbordseite des Vorschiffs existierten überdies geschmolzene Pechansammlungen. Somit deutet vieles darauf hin, dass das Schiff in Brand geriet und möglicherweise Pulvervorräte explodierten.

Um das Wrack herum konnten Teile eines stark deformierten und zersprengten kupfernen Kammergeschützes aus dem Rohr und zwei separaten Kammern geborgen werden. Auf dem Geschützrohr befindet sich ein eingearbeitetes Schriftfeld mit der Inschrift *CHRISTIAN VON GOTES/GENAD KON/IG CH THO DE/NEMARCKEN/NORWEGEN/UND DER GO/TEN ANNO/DOMINI 1551* sowie das gegossene dänische Königswappen mit den drei springenden Löwen. Im Bugbereich wurden zwei eiserne Stabringkanonen gefunden. Alle drei Kanonen waren Kammergeschütze, also Hinterlader, bei denen das Rohr in das lange Vorderstück und in das kurze abnehmbare Hinterstück – die Kammer – gegliedert ist. Bei frühen Kammerstücken wurde das vordere Rohrstück in einer hölzernen Lade befestigt, in die die Kammer eingesetzt wurde. Dies war mit einem ausgehöhlten hölzernen Stamm, in dem sich noch das Rohr befand, auch am Wrack nachzuweisen. Kammergeschütze waren unkompliziert einzubauen und rasch nachzuladen, da nach dem Schuss sofort die nächste Kammer eingesetzt werden konnte. Nachteilhaft waren Druckverluste zwischen Kammer und Rohr sowie das unkontrollierte Herausspringen der Kammer beim Schuss, das eine Gefährdung für Besatzung und Schiff bedeutete. Bei dem geborgenen Kupfergeschütz handelt es sich um

Ein Kammergeschütz vom Fundort des Mukranwracks trägt eine Inschrift von 1551.

eine Drehbasse mit ursprünglich angesetzter Halterung für die Kammer, wovon die Bruchstellen der Schildzapfen und die nur im oberen Bereich ausgeführte Verzierung mit Akanthusblättern hindeuten. Nach stilistischem Vergleich der Verzierungen mit Wappen und stehenden Akanthusblättern sowie der Ausführung des Schriftfeldes, liegt die Vermutung nahe, dass das Stück aus dem Umfeld des Freiberger Stückgießers Wolfgang Hilger stammt. Hilger war auch 1551 für Herzog Philipp I. von Pommern tätig. In diesem Zusammenhang wäre die Fertigung von Geschützen für Dänemark durchaus denkbar, da durch dynastische Verbindungen und Einführung der Reformation enge Beziehungen zwischen Sachsen, Pommern und Dänemark bestanden.

Die kleinere der beiden eisernen Kanonen fand als als Drehbasse und die größere in einer Lafette Verwendung. Da man den Eisenguss für Kanonen noch nicht beherrschte, baute man diese aus eisernen Stangen auf, die

Bronzekanone vom Mukranwrack von 1565

von glühenden Ringen umgeben wurden – der Produktion eines Fasses ähnlich. Beim Abkühlen erhielt das Geschütz die nötige Festigkeit. Die Fertigung solcher Stabringgeschütze ist seit 1420 in Dänemark nachgewiesen. Interessant ist, dass neben den Kammergeschützen an Bord auch Vorderlader verwendet wurden, die beim Laden eine ganz andere Handhabung erforderten. Über 100 m östlich des Wracks fanden sich die völlig zersprengten Reste eines solchen Vorderladers aus Bronze, eines sogenannten Falkons.

In den historischen Quellen ist der Ablauf jenes Gefechtes beschrieben, das wohl zum Untergang des untersuchten Wracks führte. Neun Schiffe der verbündeten Flotte unter Peter Huitfeld, die seit der ersten Hälfte April zwischen Rügen und Bornholm die Kontrolle der Zufahrtswege in die östliche Ostsee leisten sollten, wurden am 21. Mai 1565 unter Bornholm von der schwedischen Flotte entdeckt. Huitfeld zog sich in Richtung Rügen zurück. Die Schweden stellten seine Gruppe, sodass Huitfeld unter feindlichem Beschuss die »Arche«, die »Jägermeister«, die »Bär« und die »Nachtigall« an der Ostküste von Rügen auf Strand setzte.

Zur Taktik und Ausrüstung im Seekrieg

Vom 13. bis zum 16. Jahrhundert veränderten sich sowohl die Seekriegstaktik als auch die Ausrüstung von Kriegsschiffen umfassend. Die Hanse setzte bewaffnete Schiffe für Seeblockaden und Anlandungen ein. Zudem warb man Kaperfahrer an und sperrte Zufahrten zu feindlichen Häfen durch das Versenken von Schiffen. Über den Erhalt von Kaperbriefen beteiligten sich Schiffseigner auf eigene Kosten an kriegerischen Operationen und beanspruchten dafür die von ihnen erzielte Beute. Die Hanse minimierte auf diese Weise ihre Kriegskosten. Jedoch bestand die

Gefahr, dass sich die Kaperfahrer anderen Auftraggebern zuwandten oder auf eigene Rechnung Seeraub betrieben.

Die von der Hanse selbst eingesetzten Flotten bestanden aus etwa 30 bis 40 großen und der doppelten bis dreifachen Anzahl an kleineren Schiffen. Eine Kogge hatte Raum für über 150 Mann, im Verbund mit Holken, Schniggen und Schuten konnten insgesamt gut 8 000 Männer an Bord einer Flotte sein. Die Schiffe dienten als Transportmittel für die Streitmacht und bei Seegefechten als Kampfplattform.

Auch jenseits von Kriegshandlungen schickten die Hansestädte »Vredenschepe« zur Überwachung der Handelswege auf See, die eigene Schiffe schützten sowie verdächtige Fahrzeuge kontrollierten oder gegebenenfalls angriffen. Als Schutz vor feindlichen Kaperfahrern und Flottenkräften bewährte sich zudem die Konvoifahrt. Durch die Bündelung von armierten Handelsschiffen und die zusätzliche Begleitung durch Kriegsschiffe konnte der für die Hanse existenziell wichtige Warentransport auch in kriegerischen Zeiten realisiert werden.

Zur Armierung wurden bei größeren Schiffen Vorderkastelle und Mastkörbe angebracht. Möglicherweise wurden auch das fest eingebaute Achterkastell und die Schanz verstärkt. Während sich Kogge und Holk bei weiteren Fahrten und als Transporter großer Besatzungen empfahlen, zeigten die kleineren, wendigeren, schnelleren Schniggen und Schuten bei Überraschungsangriffen oder Operationen in flachen Gewässern Vorteile.

Neben Bewaffneten in Rüstungen und mit den üblichen Hieb- und Stichwaffen wurden Fernwaffen mitgeführt. Allein in den Lübecker Kämmereirechnungen ist für das 15. Jahrhundert die Lieferung von fast 40 000 Pfeilen in drei Jahren überliefert. Möglicherweise setzte man auch Schleudern (Bliden) mit Steinen oder andere Geschossen ein. Zu den Fernwaffen zählte zudem »Treibendes Werk« – überdimensionale Armbrüste, die schwere Pfeile verschossen.

Ab Mitte des 14. Jahrhunderts tauchten die ersten einfachen Pulvergeschütze auf. Im 15. Jahrhundert entwickelten sich verschiedene Geschütztypen, wobei nun neben Kammergeschützen auch Vorderlader zum Einsatz kamen, die aus Bronze oder Schmiedeeisen bestanden. Auf Grund der Fertigungsverfahren differierten die verwendeten Kaliber erheblich, bevor im 17. Jahrhundert eine Standardisierung gelang. Verschossen wurden Kugeln aus Blei, Stein oder Eisenguss. Streugeschosse des 16. Jahrhunderts bestanden aus Tonkugeln mit Nägeln, aus mit Steinen gefüllten Holzschachteln oder zahlreichen kleineren Kugeln, die mit Pech auf einen hölzernen Träger geklebt wurden. Die wirkungsvolle Reichweite dieser frühen Kanonen lag meist weit unter 500 m, weshalb Artillerieduelle aus nächster Distanz erfolgten. Bei bewegter See waren Treffer meist Zufall. Dieses Manko sollte eine erhöhte Anzahl von Kanonen ausgleichen. Statt auf dem

Als **Falkon**, Falke, Falkone oder Falkonett wird ein leichtes Geschütz bezeichnet, das als Vorderlader ein relativ kleines Kaliber von 6 bis 8 cm aufwies.

stärker schwanken Oberdeck versuchte man die Kanonen im 16. Jahrhundert in der Nähe der ruhigeren Schiffsmitte zu positionieren. Dafür mussten die Bordwände aufgeschnitten werden, was wiederum eine Verstärkung der Bordwände mit Spanten und diagonal eingesetzten Bändern erforderte. Diese Neuerungen führten zu einer Spezialisierung auf den Bau reiner Kriegsschiffe. Ein Beispiel dafür bietet die 1567 in Dienst gestellte »Adler von Lübeck«. Das etwa 78 m lange und 14,50 m breite Schiff hatte insgesamt 138 Geschütze auf drei Decks. An Bord konnten 350 Mann Besatzung und 650 Soldaten aufgenommen werden. Das Schiff steht in seiner Konstruktion bereits für die Ära der großen Linienschiffe, die bis ins 19. Jahrhundert die europäischen Flotten dominieren sollten.

Diese Ära wurde dann durch die aufstrebenden Seemächte der Portugiesen, Spanier, Holländer und Engländer geprägt, während die Hanse mit ihrem Wirtschaftssystem nur noch regionale Bedeutung behauptete und sich 1669 formell auflöste.

Replik »Wissemara«, Vordersteven mit der Bulinspiere

Literatur

H. Abel/J. Bauch/S. Fliedner/H. Genieser/W.-D. Hoheisel/H. Ladeburg/K. Löbe/D. Noack/R. Pohl-Weber, Die Bremer Hanse-Kogge. Ein Fund zur Schiffahrtsgeschichte. Fund – Konservierung – Forschung (= Monographien der Wittheit zu Bremen), Bremen 1969.

H. Åkerlund, Fartygsfynden – I den Forna Hamnen I Kalmar. Upsala 1951.

P. K. Andersen, Kollerupkoggen. Musset for thy og Vester Hanherred 1983.

P. K. Andersen, Kollerupkoggen – Opmalingstegninger. Musset for thy og Vester Hanherred 1983.

H. Barüske, Erich von Pommern. Ein nordischer König aus dem Greifengeschlecht. Rostock 1997.

U. Baykowski, Die Kieler Hansekogge. Der Nachbau eines historischen Segelschiffes von 1380, Kiel 1992.

J. Bill, Schiffe als Transportmittel im nordeuropäischen Raum. In: Mitteilungen der Deutschen Gesellschaft für Archäologie des Mittelalters und der Neuzeit 14/2003, S. 9–19.

J. Bracker (Hrsg.), Die Hanse. Lebenswirklichkeit und Mythos [2-bändiger Ausstellungskatalog Museum für Hamburgische Geschichte], Hamburg 1989.

J. Bracker (Hrsg.), »Gottes Freund – aller Welt Feind«. Von Seeraub und Konvoifahrt – Störtebecker und die Folgen [Ausstellungskatalog Museum für Hamburgische Geschichte], Hamburg 2001.

K. Brunner, Ein Kartenwerk der Nordlande vom Jahre 1539. In: Deutsches Schiffahrtsarchiv 12/1989; S. 173–194.

A.E. Christensen, Der Übergang von der Klinker- zur Kraweeltechnik im skandinavischen Kleinschiffbau. In: Auf See und an Land. Beiträge zur maritimen Kultur im Ostsee- und Nordseeraum (= Schriften des Schiffahrtsmuseums der Hansestadt Rostock 3/1997), S. 101–116.

O. Crumlin-Pedersen, Danish Cog-Finds. In: S. McGrail (Hrsg.), The Archaeology of Medival Ships and Harbours in Northern Europe (= British Archaeological Reports. International Series 66), Oxford 1979, S. 17–34.

O. Crumlin-Pedersen, Schiffe und Seehandelsrouten im Ostseeraum 1050–1350 – von der schiffsarchäologischen Forschung aus gesehen (= Lübecker Schriften zur Archäologie und Kulturgeschichte 7), Bonn 1983, S. 229–237.

E. Daenell, Die Blütezeit der deutschen Hanse. Hansische Geschichte von der zweiten Hälfte des XIV. bis zum letzten Viertel des XV. Jahrhunderts. 2 Bde. mit einem Vorwort von H. Wernicke. Reprint von 1905. Berlin 2001.

R. Däbritz, Schiffahrt und Schiffbau in Wismar. Von den Anfängen bis zum Dreißigjährigen Krieg. In: Wismarer Beiträge 1/1984, S. 79–88.

P. Dollinger, Die Hanse. Stuttgart 1989.

A. Dudszus et al., Das große Buch der Schiffstypen. Schiffe, Boote, Flöße unter Riemen und Segel. Bd. 1, Berlin 1990.

D. Ellmers, Frühmittelalterliche Handelsschiffahrt in Mittel- und Nordeuropa (= Offa-Bücher 28), Neumünster 1984.

D. Ellmers, Mittelalterliche Koggensiegel – ein Diskussionsbeitrag. In: K. Elmshäuser (Hrsg.), Häfen, Schiffe, Wasserwege. Zur Schiffahrt des Mittelalters (= Schriften des Deutschen Schiffahrtsmuseums 35), Bremerhaven 2002, S. 160–164.

A. Englert, G. Indruszewski / H. Jensen / T. Gülland, Bialy Kons Jungfernreise von Ralswiek nach Wollin – Ein marinearchäologisches Experiment mit dem Nachbau des slawischen Bootsfundes Ralswiek 2. In: Bodendenkmalpflege in Mecklenburg-Vorpommern, Jahrbuch 1998-46, Lübstorf 1999, S. 171–200.

A. Englert / J. Fischer / H. J. Kühn / O. Nakoinz, Die Ausgrabung des nordischen Lastschiffes aus dem 12. Jahrhundert bei Karschau. In: Nachrichtenblatt Arbeitskreis Unterwasserarchäologie 8 / 2001, S. 55–58.

H. Ewe, Schiffe auf Siegeln, Rostock 1972.

H. Ewe, Stralsunder Bilderhandschrift. Historische Ansichten vorpommerscher Städte, Rostock 1979.

J. v. Fircks, Der Nachbau eines altslawischen Bootes. Ein archäologischer Fund aus Ralswiek auf Rügen wird seetüchtig, Lübstorf 1999.

S. Fliedner, Die Bremer Kogge, Bremen 1974.

T. Förster, Das Mukranwrack. Ein ungewöhnlicher Schiffsfund aus dem 16. Jahrhundert. In: Nachrichtenblatt Arbeitskreis Unterwasserarchäologie 5 / 1999, S. 12–21.

T. Förster, Schiffbau und Handel an der südwestlichen Ostsee. Untersuchungen an Wrackfunden des 13.–15. Jahrhunderts. In: Archäologisches Landesmuseum MV (Hrsg.), IKUWA, Schutz des Kulturerbes unter Wasser (= Beiträge zur Ur- u. Frühgeschichte Mecklenburg-Vorpommerns 35), Lübstorf 2000, S. 221–236.

T. Förster, Schiffswracks, Hafenanlagen, Sperrwerke. Neue archäologische Entdeckungen in der Wismarbucht. In: Skyllis. Zeitschrift für Unterwasserarchäologie 3 / 2000, S. 10–18.

T. Förster, Kogge, Holk und Schnigge. Zeugnisse der Hanse auf dem Meeresgrund. In: J. Bracker, Gottes Freund – Aller Welt Feind. Von Seeraub und Konvoifahrt. Störtebecker und die Folgen. (Ausstellungskatalog) Hamburg 2001, S. 126–151.

T. Förster, Alltagsleben auf spätmittelalterlichen Schiffen. Neue archäologische Untersuchungen an Wrackfunden vor der Küste von Mecklenburg-Vorpommern. In: K. Krüger / C.O. Cederlund, Maritime Archäologie heute, Rostock 2002, S. 232–236.

T. Förster / J. Krüger / T. Scherer, Die schwedische Schiffssperre von 1715. Taucharchäologische Untersuchungen im Greifswalder Bodden. In: U. Masemann (Hrsg.), Forschungen zur Archäologie und Geschichte in Norddeutschland. Festschrift für W. D. Tempel, Rotenburg 2002, S. 371–388.

T. Förster/H. Lübke/F. Lüth, Germany. In: Treasures of the Baltic. A hidden wealth of culture (= Swedish Maritime Museum´s report series no. 46), Stockholm 2003, S. 68–83.

T. Förster, Große Handelsschiffe des Spätmittelalters (= Schriften des Deutschen Schiffahrtmuseums 67), Bremerhaven 2009.

K. Friedland, Mensch und Seefahrt zur Hansezeit (= Quellen und Darstellungen zur Hansischen Geschichte XLII), Köln 1995.

K. Fritze/G. Krause, Seekriege der Hanse. Leipzig 1989.

B. Greenhill, The Evolution of the Sailing Ship, 1250–1580, London 1995.

B. Greenhill/J. Morrison, The Archaeology of Boats & Ships. An Introduction, London 1995.

B. Hagedorn, Die Entwicklung der wichtigsten Schiffstypen bis ins 19. Jahrhundert (= Veröffentlichungen des Vereins für Hamburgische Geschichte 1), Berlin 1914.

P. Heinsius, Das Schiff der hansischen Frühzeit (= Quellen und Darstellungen zur Hansischen Geschichte XII), Weimar 1986.

P. Heinsius, Mecklenburger Schiffsformen des 13. / 14. Jahrhunderts. In: H.b.d. Wieden, Schiffe und Seefahrt in der südlichen Ostsee (= Mitteldeutsche Forschungen 91), Köln 1986, S. 89–104.

G. Hoffmann/U. Schnall (Hrsg.), Die Kogge. Sternstunden der deutschen Schiffsarchäologie (= Schriften des Deutschen Schiffahrtsmuseums 60), Bremen 2003.

H. Kloth, Lübecks Seekriegswesen 1563–1570. Heft 1 u. 2. XXI, Lübeck 1921/22.

W. Lahn, Die Kogge von Bremen (= Schriften des Deutschen Schiffahrtsmuseums 30), Bremerhaven 1992.

G. Lanitzki, Versunken in der Ostsee. Schiffe und Schätze auf dem Meeresgrund, Herford 1993.

H.-J. Luttermann, Blüsen, Baken, Feuertürme, Rostock 1990.

O. Magnus, Historia de Gentibus Septentrionalibus, Rom 1555.

S. McGrail, Sudies in Maritime Archaeology (= British Archaeological Reports 256), Oxford 1997.

K.-F. Olechnowitz, Untersuchungen zum Schiffbau der hansischen Spätzeit unter besonderer Berücksichtigung der Produktionsverhältnisse. Dissertation der Hohen Philosophischen Fakultät der Universität Rostock, Rostock 1958.

K.-F. Olechnowitz, Der Schiffbau der Hansischen Spätzeit. Eine Untersuchung zur Sozial- und Wirtschaftsgeschichte der Hanse (= Abhandlungen zur Handels- und Sozialgeschichte III), Weimar 1960.

K.-F. Olechnowitz, Handel und Seeschiffahrt der späten Hanse (= Abhandlungen zur Handels- und Sozialgeschichte VI), Weimar 1965.

M. Rech, Gefundene Vergangenheit. Archäologie des Mittelalters in Bremen. Mit besonderer Berücksichtigung von Riga. Begleitpublikation zur gleichnamigen Ausstellung im Focke-Museum/Bremer Landesmuseum (= Bremer Archäologische Blätter. Beiheft 3/2004)

W. Rudolph, Das Schiff als Zeichen, Leipzig 1987.

A. Sauer, Die Bedeutung der Küste in der Navigation des Spätmittelalters. In: Deutsches Schiffahrtsarchiv 15/1992, S. 249–278.

J. Schildhauer/K. Fritze/W. Stark, Die Hanse, Berlin 1982.

P. Smolarek, Badania I Wydobycie wraka »miedziowca« (W-5). In: Polska Akademia Nauk Instytut Historii Kultury Materialnej, Kwartalnik Historii Kultury Materialnej. ROK XXVII, 3, Warschau 1979. S. 291–313.

J.R. Steffy, Wooden Shipbuilding and the Interpretation of Shipwrecks, London 1994.

W. Steusloff, Votivschiffe. Schiffsmodelle in Kirchen zwischen Wismarbucht und Oderhaff, Rostock 1981.

H. Stoob, Die Hanse, Köln 1995.

F. Techen. Geschichte der Seestadt Wismar, Wismar 1929.

W. Vogel, Geschichte der deutschen Seeschiffahrt. Von der Urzeit bis zum Ende des XV. Jahrhunderts, Berlin 1915.

U. Weidinger, Mit Koggen zum Marktplatz. Bremens Hafenstrukturen vom frühen Mittelalter bis zum Beginn der Industrialisierung, Bremen 1997.

T. Weski, Anmerkungen zur spätmittelalterlichen Schifffahrt auf Nord- und Ostsee. In: K. Elmshäuser, Häfen, Schiffe, Wasserwege. Zur Schiffahrt des Mittelalters (= Schriften des Deutschen Schiffahrtsmuseums 35), Bremerhaven 2002, S. 143–159.

V. Westphal, Die Kollerup-Kogge. Ein Unikum oder ein Schlüsselfund zur Schiffstypengeschichte?. In: Das Logbuch 35/3 (1999), S. 103–115.

H. Wernicke, Die Städtehanse, Weimar 1983.

H. Winter, Das Hanseschiff im ausgehenden 15. Jahrhundert (Die letzte Hansekogge), Rostock 1961.

T. Wolf, Tragfähigkeiten, Ladungen und Maße im Schiffsverkehr – vornehmlich im Spiegel Revaler Quellen (= Quellen und Darstellungen zur Hansischen Geschichte XXXI), Köln 1986.

K.-P. Zoellner, Vom Strelasund zum Oslofjord. Untersuchungen zur Geschichte der Hanse in der zweiten Hälfte des 16. Jahrhunderts (= Abhandlungen zur Handels- und Sozialgeschichte XIV), Weimar 1974.

V. Zulkus/M.-J. Springmann, Der Hafen Heiligenau-Sventoij und die fremden Schiffer im Lichte historischer und archäologischer Forschung. In: K. Krüger/C.O. Cederlund, Maritime Archäologie heute, Rostock 2002, S. 232–236.

M. Zunde, Timber export from old Riga and its impact on dendrochronological Dating in Europe. In: Dendrochronologia 16/17 (1998/1999), S. 119–130.

Bildnachweis

Titelbild (Wissemara in Fahrt), Rücktitel, S. 4, 10, 37, 44 (3), 45, 46, 48, 58 (2), 59, 61, 73, 75, 82, 85, 87, 89 (2), 90 (2), 91, 92, 93, 138: Klaus Andrews, Hamburg

S. 1, 2, 26, 30, 33 (2), 39 (Zeichnung), 49 (4), 52, 56, 62, 70 (2), 79, 80, 101, 108, 111, 113, 120 (2), 122, 123, 124, 131, 136, 144: Roland Obst, Mühlhausen

S. 6: Tourismuszentrale Rostock & Warnemünde, Büro Hanse Sail

S. 8, 13, 15, 21, 28, 29, 34, 39 (Foto), 41, 42, 51, 53, 72, 98, 99, 103, 104, 119, 129: Thomas Förster / Archiv Thomas Förster, Stralsund

S. 9: Jörg Ansorge, Horst

S. 11: Kulturhistorisches Museum der Hansestadt Rostock

S. 16, 115: Olaus Magnus

S. 17: Tiina Toomet / wikipedia

S. 18, 25: Universitätsbibliothek Rostock

S. 23: Otto Braasch, Landshut / Landesamt für Kultur und Denkmalpflege Mecklenburg-Vorpommern

S. 24, 59: Michael Wagner / Thomas Förster

S. 27: Deutsches Schiffahrtsmuseum, Bremerhaven

S. 38: Newport Museum and Heritage Service, Newport

S. 43, 102 (links), 105: Daniela Greinert / Thomas Förster

S. 47: Oliver Schmitt, Stralsund / Michael Wagner, Schwerin

S. 54, 97 (rechts): Claudia Köhler, Dublin

S. 63, 76 (2): Daniela Greinert, Berlin

S. 64 (4), S. 66, 71, 97 (links): Hinstorff Verlag, Rostock

S.72: Landesamt für Kultur- und Denkmalpflege Mecklenburg-Vorpommern

S. 88: Hans-Joachim Zeigert, Grevesmühlen

S. 94: Hinstorff Verlag, Rostock, Foto-Eschenburg-Archiv

S. 101: Olaf Hoffmann, Hamburg

S. 102 (rechts): Thomas Korth, Stralsund

S.106: Detlev Ellmers, nach R. Bomquist / E. Steegmann

S. 112: Susanne Bretzel, Berlin

S. 114: Angela Karsten, Portsmouth

S. 117: Karsten Bartel, Berlin

S. 135: Maren Wieczorek, Landshut

Autor und Verlag bedanken sich bei allen Bildgebern für die freundliche Genehmigung von Abdruckrechten.

Orgeltür mit Schiffbruchszene aus St. Nikolai in Stralsund, 15. Jahrhundert

Die Deutsche Bibliothek verzeichnet diese Publikation in der Deutschen Nationalbibliografie; detaillierte bibliografische Daten sind im Internet über http://dnb.ddb.de abrufbar.

© Hinstorff Verlag GmbH, Rostock 2009
Lagerstraße 7, 18055 Rostock
Tel.: 0381/4969-0
www.hinstorff.de

Alle Rechte vorbehalten. Reproduktionen, Speicherungen in Datenverarbeitungsanlagen, Wiedergabe auf fotomechanischen, elektronischen oder ähnlichen Wegen, Vortrag und Funk – auch auszugsweise – nur mit Genehmigung des Verlages.

1. Auflage 2009

Herstellung: Hinstorff Verlag GmbH
Lektor: Dr. Florian Ostrop
Druck und Bindung: Zanardi Group s.r.l.
Printed in Italy
ISBN 978-3-356-01336-8